KB107600

필사의 수컷
——
도도한 암컷

성선택 이론이 보여주는
진화의 신비

필사의 수컷
———
도도한 암컷

다지마 유코 지음
변재원 감수(청주동물원)
명다인 옮김

플루토

동물들이 생존하기 위해선 어떤 전략이 필요할까?

누구에게 물어보든 주변 환경에 맞춰 더 크고 강하게, 혹은 더 작고 눈에 띄지 않게 진화하는 전략을 가지고 있다는 정도만 알고 있을 것이다. 하지만 세부적으로 들여다보면 정말 다양하다. 이 책에 소개된 많은 동물의 생존 전략들을 살펴보면 놀라울 정도다. 특히 이 책의 저자인 다지마 유코는 다양한 생존 전략의 중심에 '성선택'을 놓았다.

현재 진화생물학에서 중요한 이론으로 자리매김한 성선택 이론은 생존에 직접적으로 필요한 요소가 아님에도 배우자에게 선택받을 수 있는 요소를 가지고 있는 개체가, 결국 짝짓기에 성공하고 자손을 남겨 번영한다는 이론이다. 찰스 다윈은 자신의 진화론에서 자연선택 이론과 별개로 성선택 이론을 주장했다.

이 책은 성선택에 따른 여러 동물의 생존 전략을 적나라하게 펼쳐놓아 동물을 바라보는 새로운 눈을 갖게 해준다.

수컷 범고래가 싸움에 필요한 꼬리지느러미나 이빨을 선택하는 대신, 쓸모는 없지만 멀리서도 잘 보이는 크고 우람한 등지느러미를 선택한 이유는 암컷에게 잘 보여 짝짓기에 성공하기 위해서다. 수컷 공작새가 유지비가 많이 드는 장식깃을 고집하는 이유 역시 암컷에게 선택받기 위해서다.

동물의 세계에서는 짝을 만나기 위한 수컷의 노력이 유난히 눈물겹다. 그렇다고 수컷만 생존 전략을 세우는 것은 아니다. 일촉즉발의 위기가 항시 도사리는 자연에서 출산과 육아를 무사히 마치기 위해 암컷은 전략을 세워야 하고, 태어나자마자 충분한 보호를 받기 위해서는 아기 동물에게도 생존전략이 필요하다.

이 책에서 소개한 이야기들은 생각과 추론에 지나지 않는 것이 아니라, 다양한 논문과 연구결과가 뒷받침하고 있다. 저자는 인간의 상식으로는 이해하기 어려운 동물의 다양한 모습과 행동을 성선택과 진화라는 관점에서 쉽게 설명한다.

책을 읽고 있으면 고고하고 영롱해 보이던 동물들이 어느새 번식과 생존에 혈안이 된 일차원적인 모습으로 각인되고, 동화 같던 동물들의 이야기가 어느새 로맨틱 코미디로 탈바꿈한다. 전문가가 아닌 사람이 소개했다면 거짓말로 착각할 만큼 독특한 이야기가 과학적인 근거가 뒷받침되어 생생하고 재미있게 펼쳐진다. 게다가 짝짓기와 관련한 내용의 적나라함은 교실에서 만화책을 몰래 보듯 조심스럽게 책장을 넘기게 할 정도다.

이 책이 동물, 더 나아가 생명과 진화를 이해하는 데 부족했던 마지막 한 조각 퍼즐이 되어 자연에 호기심을 가진 독자에게 넘치는 관심과 사랑을 받게 되리라 믿어 의심치 않는다.

청주동물원에서 변재원

알려두기

본문에 등장하는 '경우제목(또는 고래소목)'은 일본에서는 고래목(고래)과
우제목(소)의 상위목으로 쓰이는 개념이다. 일본과 다르게 우리나라 환경부
와 해양수산부 두 곳 모두 고래는 '고래목'으로만 분류되어 경우제목 개념은
사용하지 않는다. 또한 해양국립생물자원관의 국가생물종목록상에도 고래
는 '고래목'으로만 분류되어 있다.

"생리 끝나서 살 것 같아!"
"그러니까! 임병은 엄청 힘들었어."

수의대에 다니던 시절, 전철 안에서 동기들과 왁자지껄 주고받던 대화다.

처음에 말한 '생리'는 수의생리학을, '임병'은 생명을 위협하는 임질이 아니라 임상병리학을 뜻하는 단어다. 그때는 다른 사람들에게는 어떻게 들릴지 전혀 생각해보지 않았던 터라 지금 돌이켜 보면 민망하기 짝이 없다.

시간이 흘러 대학을 졸업한 후에도 동기들 회식 자리에 가면 수의산과학 실습 때 염소가 번개 같은 속도로 교미했던 일이나 목장 실습 때 발정 난 말이 돌연 사고사한 일(뒤에서 다룰 것이다)로 야단법석을 떨다가, 식당 주인한테 "손님, 죄송한데 목소리 좀 줄여주세요"라며 주의를 받기도 한다. 그때의 경험은 아무리 이야기해도 질리지 않는다.

처음부터 민망한 경험으로 이야기를 시작한 데는 이유가 있다. 일상생활에서 동물이나 다른 생물의 성과 번식에 대해 말할 기회가 많지 않은 데다 다들 입에 올리기 민망해하거나 달가워하지 않는다. 하지만 수의대를 졸업해 지금은 연구자로 일하는 나로서는 동물의 성과 번식을 논하는 일이 아주 자연스럽고 당연하다. 동물의 성과 번식은 '산다는 것'과 항상 함께하는 개념이라 민망하게 느껴지지 않기 때문이다.

또한 동물의 성행위와 번식 행동에 숨은 다양한 노력과 전략을 알수록 감동을 느끼고 존경심마저 우러난다. 이를테면 수컷 범고래의 등지느러미는 2미터까지 커진다. 해수면 위로 우뚝 솟은 등지느러미의 압도적인 존재감 덕분에 무리 안에서 누가 수컷인지 한눈에 알아볼 수 있다. 무지막지하게 거대한 등지느러미는 수컷들끼리 싸울 때 직접적인 무기는 아니다. 헤엄치는 데 유리하지 않고 도리어 방해가 된다. 그런데도 등지느러미의 크기는 힘을 상징하므로 등지느러미가 클수록 암컷한테 인기가 있다.

마찬가지로 해양 포유류인 혹등고래 수컷은 구애의 노래를 부르는 방식으로 진화했다. 무리를 이루지 않고 망망대해를 홀로 누비며 사는 혹등고래에게 가장 중요한 일은 짝을 만나는 것이다. 그래서 혹등고래는 3,000킬로미터 너머까지 울려 퍼지게 노래하는 법을 배웠다.

이처럼 동물의 구애법은 서식 환경과 생활 양식에 따라 놀라울 정도로 다양하다.

1장과 2장에서는 해양 포유류와 육상 포유류가 여러 가지로 모색한 끝에 얻은 구애 전략을 소개한다. 바다에 사는 동물도, 육상에 사는 동물도 그 나름의 고생과 사정이 있다. 그런 만큼 이 책에 실린 내용은 지혜를 축적하고 방법을 모색하고 열의로 극복하여 구애에 힘쓰는 동물의 분투기다. 때로는 목숨마저 잃을 만큼 극적이고도 희비가 엇갈리는 이야기이므로 즐겨주길 바란다.

3장과 4장에서는 수컷과 암컷의 번식 전략을 소개한다. 곧 생식기와 교미에 관한 이야기인데, 적나라한 부분까지는 알고 싶지 않다는 사람도 있을 것이다. 하지만 번식을 완수하기 위해 암컷과 수컷이 발전시켜온 생식기의 형태와 기능을 알면 그 경이로움에 놀랄 것이다.

동기들과의 술자리 일화에서도 언급했지만, 염소의 교미는 눈 깜짝할 새에 끝난다. 실습할 때 교수님이 "순식간이니까 정신 바짝 차려야 한다"라고 했는데도 '순식간이라고 해봤자……' 하면서 넋 놓고 있다가 정말로 순식간에 끝났을 때의 당혹감이란. 정말로 손뼉을 마주치기도 전에 끝날 만큼 아주 잠깐이었다.

염소를 비롯한 초식동물은 항상 '잡아먹히는 것'을 경계하면서 살아간다. 교미 중이라고 예외는 아니다. 그래서 수컷의 몸은 순식간에 교미를 끝낼 수 있는 구조로 변화했다.

암컷 포유류는 왜 자궁과 태반이 있을까? 여기에는 포유류가 오늘날의 번영을 이루어낸 중요한 '열쇠'가 숨어 있다. 자궁도, 태반도, 출산의 형태도 하나뿐인 것은 아니다. 돌고래를 비롯한 고래목은 역아로 낳아야 순산이고, 소의 태아는 발끝에 말랑한 젤리를 달고 태어난다. 도대체 이유가 뭘까?

동물들이 저마다의 생활 방식에 따라 어떻게 교미에 최적화된 형태로 생식기를 진화시켰는지 그 이유를 설명한다.

마지막 5장에는 새끼 동물들이 지닌 본능적인 생존 전략을 정리했다. 야생에 사는 동물은 태어난 순간부터 생명의 위협을 받으면서 자립해야 한다. 물론 부모가 보호해주긴 하지만, 스스로를 지킬 수단이 없는 새끼는 생존하기 어렵다. 새끼 돌고래나 코끼리가 웃고 있는 것처럼 보인 적이 있는가? 이 미소도 포유류가 진화하는 과정에서 획득한 신비로운 전략이다.

이 책에서는 동물행동학의 관점에서, 그리고 해부학의 관점에서 최대한 이해하기 쉽게 동물의 신체 특징과 생존 전략을 설명하려고 노력했다. 뼈, 근육, 내장을 관찰해야 비로소 보이는 것들도 있다. 동물들이 생명을 이어가기 위해 습득한 경이로운 구조를 이해하고 마음껏 즐겨준다면 기쁘겠다.

동물은 무엇을 위해 짝짓기를 하는 걸까? 대답은 아주 명쾌하다. 자손과 종의 번영이라는 단순한 목적을 이루기 위해 구애와 번식이 이뤄지는 것이다.

그중 인간은 진화 과정에서 뇌가 두드러지게 발달했다. 덕분에 정말로 다양한 것들을 발명하고 발전시켜 지금의 번영을 이룩했지만, 한편으로는 지나치게 생각을 많이 하는 경향도 있다. 나 또한 이런 경향이 있고, 이는 성과 번식을 고찰할 때도 마찬가지다. 그에 비해 동물이 성과 번식에 임하는 자세는 직접적이고 단순한 동시에, 진지하고 한결같다.

수컷은 필사적으로 구애하고 암컷은 도도하게 지켜본다.

부모는 온 힘을 다해 새끼를 키운다.

새끼는 힘이 없지만 어떻게든 죽을힘을 다해 살아남는다.

여기에는 '생명을 이어간다'는 명료한 목적만 존재한다. 그러므로 세상을 살아가는 동물들의 태도를 알면 '더 단순하게 생각해도 괜찮지 않을까? 모양 빠지게 살아도 괜찮구나' 하는 생각이 들어 조금은 마음이 놓인다.

동물에 대해 더 많이 알수록 인간과 닮은 구석이 많아서, 결국 우리는 같은 무리임을 실감한다. 비록 말은 통하지 않지만 동물들에게 참 많은 것을 배우고 있다.

당신도 망망대해에서 짝을 찾는 고래의 노래를 들어보지 않겠는가?

다지마 유코

차례

3장 전광석화같은 염소의 교미 수컷의 번식 전략

4장 돌고래는 아기를 거꾸로 낳는다 암컷의 번식 전략

5장 새끼 코끼리는 웃는다 새끼의 생존 전략

1장

망망대해에 울려퍼지는
고래의 노래

해양 포유류의 구애 전략

사랑을
위해서가
아니다

인간에게 구애는 말 그대로 이성의 사랑을 얻는 것이 목적이라, 이후에 번식 행동으로 발전하지 않기도 한다.

그에 비해 동물의 구애는 번식을 위한 서막에 불과하다. 동물의 우선순위는 얼마만큼 번식 행동이 성공하여 자손을 많이 남기는가를 기준으로 정해지며, 여기에 모든 걸 건다. 다소 현실적인 데다 낭만은 손톱만큼도 없어 보이지만 그만큼 종의 유지가 중요하다는 뜻이다. 생명을 부여받은 개체는 사명감을 가지고 본능적으로 번식에 온 힘을 쏟는다.

번식기의 암컷과 수컷은 교미를 통해 더 많은 자손(유전자)을 남기려 할 뿐이다. 그러나 남녀 관계가 제 마음처럼 되지 않는 것은 동물이라고 예외가 아니다. 암컷에게 거부당한 수컷은 자손을 남기지 못한다. 그래서 수컷은 죽을 힘을 다해 구애한다. 때로는 목숨을 바치면서까지 교

미를 시도한다. 포기하지 않고 작전을 실행하면서 목숨을 챙길 겨를
이란 없다.

암컷은 기본적으로 '기다리는' 자세를 취한다. 수컷의 관심을 끌려고
애쓰는 낌새는 찾아볼 수 없다. 혼신을 담은 수컷의 구애 전략을 도
도하게 지켜보다가, 더 뛰어난 생존 능력을 지닌 수컷의 유전자를 획
득한다. 동물 세계에서 교미 전까지 주도권과 선택권은 철저히 암컷
의 몫이다.

바다에 사는 포유류는 광활한 해양에서 사투를 벌여야 한다. 드넓은
해양에서 짝을 만나는 건 기적에 가까운 우연이기 때문이다. 이 우
연을 필연으로 바꾸려면 물을 이용해 아주 멀리까지 울려 퍼지게끔
노래를 부르거나, 중력을 거슬러 폭발적인 점프를 선보이거나, 힘을
증명하기 위해 신체 일부를 독특한 형태로 바꿔 상대를 매혹시켜야
한다.

해양에 사는 포유류도 인간처럼 교미해야 생명이 태어난다. 짝과 만
나는 희박한 기회를 놓치지 않기 위해, 해양의 포유류는 육상의 포유
류와 다르게 생각하고 전략을 펼친다.

등지느러미 크기는 힘의 증거

범고래는 등지느러미로 유혹한다

암컷에게 다가가기 위해 수컷이 생각해낸 수단과 전략은 다양하다. 수천 년, 수만 년 혹은 헤아릴 수 없는 길디긴 세월에서 몸의 일부를 모델 체인지model change한 생물들이 있다. '바다의 왕자' 범고래도 그중 하나다.

범고래는 생물학적으로 고래목, 이빨고래아목, 돌고랫과로 분류된다. '뭐라고? 고래인데 고래소목에 돌고래?'(일본에서는 고래목과 우제목의 상위목으로 고래소목(경우제목)—고래하목, 우제하목으로 분류하지만, 우리나라에서는 국립생물자원관의 국가생물종목록상 고래는 고래목으로만 분류되어 있다—감수자)

시작부터 머릿속이 복잡해질지도 모른다. 사실 범고래나 돌고래는 모두 고래의 일종으로, 쉽게 구분하기 위해 생김새나 크기에 따라 인간이 붙인 명칭일 뿐이다. 생물학적으로 범고래, 돌고래, 고래는 다르지 않다.

최근에는 고래목 조상을 거슬러 올라가면 육상의 우제목 동물(말, 사슴, 염소, 하마, 멧돼지 등)과 공통 조상을 두었다는 사실이 밝혀졌다. 범고래와 고래의 조상은 아주 먼 과거에 말이나 하마처럼 육지와 물가를 오가며 생활하다가 약 5,000만 년 전에 바다로 돌아갔다. 심지어 포유류인 채로 바다에서 살기로 선택했다. 포유류가 바다에 살며 겪는 어려움은 뒤에서 다시 설명하겠다.

수족관에서 재주를 뽐내는 범고래를 본 적이 있을 것이다. 나는 압도될 만한 범고래의 덩치와 날카로운 이빨에 소스라치게 놀라면서도, 때로 보여주는 미소가 돌고래만큼이나 사랑스럽다고 느낀다. 하지만 '살인자 고래killer whale'라는 영문명이 보여주듯 야생 범고래는 무섭고 사나워서 '바다의 패자'라 불리기도 한다.

범고래는 환경에 적응하는 능력이 상당히 뛰어나 지구상 어느 바다에서든 살아갈 수 있다. 전 세계에서 범고래 연구가 진행되면서, 유전적·생태적으로 다양한 개체군(생태형)이 여럿 존재한다고 밝혀졌다.

이를테면 캐나다 존스턴 해협에 정착해 홍연어를 주식으로 먹는 비이주성resident type, 난바다에서 살다가 1년에 몇 차례씩 존스턴 해협에 들르는 이주성transient type, 주로 대양에서 생활하는 원양성 offshore type의 세 유형이 확인되었다. 이주성과 원양성 개체군은 돌고래와 물범도 사냥한다.

게다가 남아프리카 앞바다에 서식하는 개체군은 '바다의 갱스터'라 불리는 백상아리도 잡아먹는다. 이 범고래 개체군은 상어의 간을 노리는 것으로 보인다. 상어의 간에는 비타민A와 비디민D 등이 함유된 지방이 축적돼 있다.

내가 유치원을 다니던 시절에는 집에 갈 때마다 선생님에게서 달콤한 젤리를 하나씩 받곤 했다. 그땐 그게 상어 간유로 만든 젤리인 줄도 모르고 '왜 하나씩밖에 안 주지? 볼이 빵빵해질 만큼 잔뜩 먹고 싶은데……'라며 불만스럽게 생각했다. 이 젤리는 유치원에서 정말 인기가 많아서, 어떻게 하면 젤리를 받을 때 더 재미있게 받을지 아이들끼리 경쟁하기 시작했다. 손을 엇갈려 나비 흉내를 내거나 두 손을 모아 연꽃을 만드는 식으로 경쟁했다. 여담이지만, 나는 매번 그 정도가 지나쳐서 "유코, 젤리를 어디다가 줘야 할지 선생님이 잘 모르겠네"라는 말을 들을 만큼 선생님을 당혹스럽게 했다.

여하튼 인간들이 예부터 상어 간유를 귀한 양식으로 여겼듯, 범고래에게도 귀한 영양분이지 않을까?

오스트레일리아의 퍼스 앞바다에서는 범고래 무리가 지구에서 가장 큰 동물인 대왕고래의 새끼를 공격하는 장면도 목격되었다. 무리를 지었다고는 해도 몇 배나 더 큰 몸집을 지닌 대왕고래에게 달려들었으니 배짱이 두둑한 셈이다.

그 밖에도 알래스카, 남극, 북극에도 다양한 개체군이 서식하며, 최근 일본 홋카이도 동쪽에 있는 쿠나시르 해협(네무로 해협)에는 범고래가 1년 내내 드나들거나 정착해 있다고 보고되었다. 일본에서도 비이주성, 이주성 등으로 유형을 분류할 뿐 아니라 여러 연구가 활발히 진행되고 있다.

해양 생태계에서는 무적인 범고래도 암컷에게 선택받지 못하면 자손을 남길 수 없다. 그래서 수컷 범고래는 암컷의 마음을 끌기 위해 진화 과정에서 거대한 등지느러미를 획득했다. 수컷 범고래의 성체는 약 9미터까지 커지는데, 성적으로 성숙해지면 등에 2미터 가까운 아름다운 등지느러미가 우뚝 솟는다. 암컷 범고래의 성체는 몸길이가 7~8미터에 몸집은 수컷과 큰 차이가 없지만 등지느러미 길이는 60센티미터 정도에 불과하다. 수컷의 등지느러미가 암컷보다 3배 이상 큰 셈이다. 수컷 범고래는 이 거대한 등지느러미로 암컷을 유혹한다.

해양 포유류의 등지느러미, 어류의 등지느러미

등지느러미는 본래 어류만이 지닌 특징이지만, 어류의 등지느러미와 범고래를 포함한 고래목의 등지느러미는 구조가 전혀 다르다. 어류의 등지느러미는 경골어류(인간처럼 단단한 골격을 가진 물고기로 참치류, 농어류 등 대부분의 물고기)와 연골어류(부드러운 골격을 가진 물고기로 상어류, 가오리류가 속한 판새류)로 나뉜다.

경골어류의 등지느러미는 골격이 단단한 극조와 연조로 이루어졌고, 연골어류의 등지느러미는 각질(케라틴)로 되어 있다. 술안주로도 각광받는 말린 가오리 지느러미는 가오리가 연골어류라서 주성분이 각질(케라틴)이다. 그러니까 어류의 등지느러미는 뼈 또는 케라틴으로 구성돼 있다.

이와 달리 범고래의 등지느러미는 피부가 늘어나면서 형성된 것이라 뼈가 없다. 대신 인간의 피부처럼 콜라겐(섬유 상태의 단백질)이 풍부한 피하조직과 피부로 구성돼 있다. 뛰어난 탄력성을 지닌 콜라겐 덕분에 2미터에 가까운 거대한 등지느러미가 유지된다.

물고기와 일반적인 고래목의 등지느러미는 헤엄치는 방향을 조정하고 몸의 균형을 잡아주는 역할을 하지만, 범고래는 등지느러미를 움직이는 근육이 없어서 등지느러미만 움직이지는 못한다. 게다가 고래 중에는 등지느러미가 아예 없는 종도 있고, 암컷 범고래나 어린 수컷의 등지느러미 크기는 수컷 성체에 비해 3분의 1에 불과하다. 즉 등지느러미가 없거나 크기가 작아도 바다 생활에 문제가 없다는 것은 거대한 등지느러미의 존재 이유가 다른 데 있다는 뜻이다.

"수컷들이 싸울 때 쓰는 '무기' 아닌가요?"

틀린 말은 아니지만, 정답도 아니다. 암컷이나 먹잇감을 차지하기 위해 싸우는 수컷 범고래의 주요 무기는 길이 10센티미터 내외의 날카로운 이빨과 강력한 꼬리지느러미다. 범고래는 대형 고래와 육식 상어를 공격할 수 있는 강력한 이빨과 턱 그리고 무리와 협동해 사냥 전술을 구사하는 능력도 있다. 특히 꼬리지느러미는 절대적인 위력을 발휘해서 상어도 일격에 죽일 수 있다.

등지느러미에 무기와 같은 기능은 없지만 상대를 위협하는 역할은 톡톡히 해낸다. 동물계에서 상대를 위협하는 가장 간단한 방법은 몸집을 과시하는 것이다. 등지느러미가 클수록 순간적으로 상대가 위축되기 때문에 직접 싸우기 전에 이미 승부가 난다.

고양이나 개를 키우는 사람은 알겠지만, 처음 만나면 코를 맞대고 서로 냄새를 맡는다. 만약 수컷이라면 냄새를 맡으면서 몸집을 비교하고 우열을 매긴다. 범고래도 직접 싸우지 않고 이기기 위해 잽싸게 몸집을 부풀린다.

범고래를 비롯한 고래목은 상대를 위협할 때 브리칭breaching(서 있는 자세에서 옆으로 쓰러지는 자세. 수면 위로 점프해 상반신 또는 몸의 대부

해수면에 우뚝 솟은 수컷 범고래의 등지느러미

분을 노출시키고 그대로 수면을 세차게 내려치는 행동)도 선보인다. 등지느러미나 몸집이 클수록 소리와 물보라가 커지므로 상대를 위협하는 효과가 있다.

그렇지만 평상시에는 등지느러미는 쓸모가 없어서 오히려 거추장스러워 보인다. 그런데도 암컷을 얻기 위해, 혹은 동료 수컷을 제압하기 위해 등지느러미가 생겨났을 것이다. 주요 무기인 이빨과 꼬리지느러미를 키우는 것보다 암컷에게 확실히 어필한다.

범고래는 모계사회를 이루지만 암컷 범고래 무리에서 거대한 등지느러미를 가진 수컷은 인간이 보기에도 압도적인 위압감으로 다가온다. 그런 수컷이 같은 집단의 빅마마(해당 개체군의 유전적 시조

격인 암컷 개체)에게 애교를 부리거나 다른 암컷의 마음을 사로잡으려고 애쓰는 모습은 귀여워서 반전 매력이 된다.

대학생 시절 존스턴 해협에서 관찰한 범고래 중에 개체명 A30이라는 유명한 수컷이 있었다. A30의 등지느러미는 무척 아름다웠고 크기도 2미터가 넘었다. 그 아름다운 등지느러미를 보고 있으면 인간인 나도 황홀해졌다. 그러니 같은 종족인 암컷은 당연히 마음을 빼앗겼을 것이다.

노래를 불러 뒤돌아보게 한다

청각에서 힌트를 얻은 혹등고래

육상동물은 시각이나 후각을 최대한 활용하는 구애 전략을 짜곤 한다. 그러나 햇빛이 닿지 않는 바닷속에서 시각은 그리 도움이 되지 않는다. 수중에서는 냄새 분자가 확산되는 속도도 느려서 후각도 힘을 발휘하지 못한다.

그래서 유행하는 사랑 노래를 부르고 청각을 이용해 암컷을 유혹하는 바다 동물이 등장했다. 바로 혹등고래다. 수중에서 소리가 전파되는 속도는 대기보다 4배나 빨라서, 노래는 더 멀리, 더 빨리 전달된다.

혹등고래는 수염고랫과의 일종으로 전 세계 바다에 서식하고 있다. 크게 적도를 경계로 북반구에 서식하는 무리와 남반구에 서식하는 무리로 분류할 수 있고 두 무리는 더 많은 작은 무리로 분류되지만, 모든 혹등고래는 해마다 수천 킬로미터에 이르는 계절성 대규모 회유를 한다는 공통점이 있다.

북반구에서는 따뜻한 계절(초여름부터 초가을)에 먹이가 매우 풍족한, 추운 고위도 해역에서 영양분을 비축하고 성장하고, 추운 계절(늦가을부터 초봄)에 따뜻한 저위도 해역으로 이동해 번식 활동을 하다가 봄이 오면 다시 고위도 해역으로 돌아간다. 이러한 회유는 매년

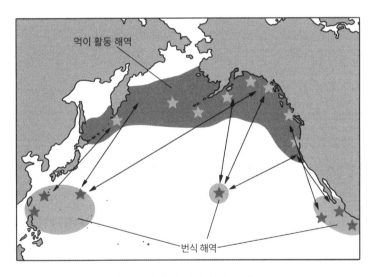

먹이 활동 해역

번식 해역

혹등고래의 북태평양 회유 경로

반복된다.

일본에서는 초가을부터 초봄 사이에 오키나와나 오가사와라 제도 주변에서 혹등고래를 관찰할 수 있다. 이 무리는 새끼를 낳고 키우기 위해 무려 5,000킬로미터나 떨어진 베링해에서 이동한다. 암수 모두 장대한 여정에 대비해 베링해에 있는 동안 크릴새우, 까나리, 대구, 열빙어, 멸치 등 군집을 이룬 생물을 이래도 되나 싶을 만큼 배불리 먹어둔다. 혹등고래가 먹이를 섭취하는 방법은 상당히 독특해서, 구애 전략을 설명하기에 앞서 잠시 소개해보겠다.

고래는 크게 이빨이 있는 이빨고래와 이빨 대신 수염판이 있는 수염고래로 나뉜다. 수염고래에 속하는 혹등고래는 수염판을 이용해 먹이를 섭취한다. 수염판은 위턱의 점막이 케라틴화되면서 길어진 것으로, 위턱에 가로로 된 수백 개의 수염판이 빼곡하게 한 줄로 이어져 있다. 먹이를 먹을 때 대량의 해수까지 통째로 삼킨 후 수염판으로 먹이만 걸러낸다. 이때 삼키는 해수의 양은 1회에 50톤이 넘는다고 한다. 혹등고래의 체중이 30톤 정도인 것을 감안하면 체중의 2배에 가까운 양의 해수를 먹이와 함께 들이키는 셈이다.

인간은 그렇게 방대한 양의 물을 한 번에 들이킬 수 없다. 그러나 혹등고래가 속한 수염고랫과 고래는 진화하는 과정에서 이것이 가능한 구조를 만들어냈다. 대량의 물과 먹이를 일시적으로 저장할 수 있는 공간을 체내에 만든 것이다. 바로 배주머니ventral pouch다(배

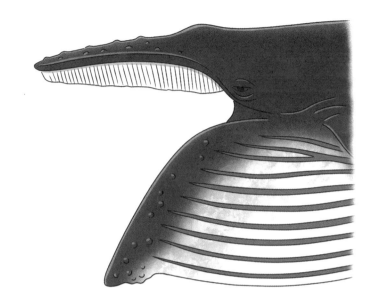

부풀어 오른 배주름

주머니, 목주머니, 턱주머니 등으로 불리는 듯하지만, 우리나라에서는 아직 정확한 해부 명칭이 정해지지 않았다 — 감수자).

    혹등고래를 비롯한 수염고랫과는 모두 배주머니가 있다. 목에서 배까지 이어지는 배주름(아코디언처럼 신축성이 뛰어난 주름)이 피하에 있어서, 먹이와 대량의 해수가 입속에 들어오면 입이 아래로 쳐지면서 배주머니로 흘러 들어가는 구조다.

그 후로 배주름, 혀, 목 근육을 정교하게 움직여 물과 먹이를 입속으로 게워서 수염판으로 먹이만 걸러내고 물은 배출한다. 상당히 역동적인 섭취법으로, 대량의 물과 먹이를 먹고 배주름이 최대한 늘어난 때는 머리 쪽 배가 크게 부풀어서 마치 올챙이처럼 보인다. 배주름은 그만큼 신축성이 뛰어나다.

개나 고양이의 목덜미를 잡아당겼을 때 피부 아래에 늘어나는 공간이 배주름과 유사한 구조다. 동물병원에서는 이 부위에 피하주사를 놓는다.

먹이가 풍부한 해역에서 넉넉하게 영양분을 비축한 혹등고래는 가을이 될 무렵 30~40톤에 육박하는 거대한 몸을 출렁이며 시속 5~15킬로미터로 5,000킬로미터나 떨어진 하와이나 오키나와, 오가사와라 제도와 같은 번식 해역으로 향한다.

이 여정에서 수컷 혹등고래들은 구애를 위한 노래를 만든다.

한 번도 본 적 없는 짝을 만나려고 부르는 노래

혹등고래의 노래는 복잡한 체계를 지니고 있다. 다소 전문적인 이야기인데, 수컷 혹등고래는 번식기가 되면 누가 알려준 것도 아닌데 일정한 규칙을 지닌 몇몇 음의 연속이라 정의되는 '노래'를 연주하고, 이 소리가 반복되면 긴 울음소리가 된다.

소리의 최소 단위는 유닛unit이라고 하며, 유닛들이 여러 덩어리로 묶여 악구phrase나 하위 악구sub-phrase를 형성한다. 동일한 악구는 주제theme를 구성하고, 악구가 달라지면 그에 따라 주제도 변화한다. 이 주제들이 모여 노래가 된다. 혹등고래만큼 복잡한 구조의 노래는 아니지만, 같은 수염고래류의 대왕고래, 참고래, 북극고래, 밍크고래도 노래를 부른다고 한다.

수염고래류는 이빨고래류처럼 반향정위echolocation(초음파의 반향으로 위치, 주변 물체와의 거리, 방향 등을 감지하는 방법)를 쓰지 않기 때문에 음성 입술phonic lips(공기로 진동을 일으켜 소리를 내는 기관)이나 울음소리를 조절하는 음향지방인 멜론melon(지방으로 채워진 주머니로 초음파 조절 및 주파수 설정을 담당하는 기관—옮긴이)도 없다.

그래서 혹등고래가 어디에서 소리를 내는지 현재까지 명확하게 밝혀진 바가 없다. 번식기에 수컷만 노래를 부르기 때문에 구애 행동인 것은 분명하지만, 실제로 어떻게 활용되는지 아직 밝혀지지 않은 부분이 많다.

혹등고래의 노래는 해마다 달라진다. 번식기 초에는 작년에 부른 노래를 부르던 개체도 어떤 혹등고래가 신곡을 부르면 그 번식 해역의 혹등고래들이 금방 신곡을 따라 불러서 유행가가 된다.

도대체 어느 고래가 처음 신곡을 부르고 또 그 노래는 어떻게 확산되는지, 그 메커니즘은 지금도 연구하고 있다. 다만 북반구에서는 서쪽에서 동쪽 해역으로 퍼진다는 사실이 확인되었다. 즉 섭식 해역에서 노래 대항전이 시작되는 걸로 보인다.

수컷 혹등고래가 남다른 구애 전략으로 복잡한 노래를 부르기 시작한 배경에는 대규모 회유가 깊은 연관성이 있는 것으로 보인다. 번식 해역으로 회유하는 20~30마리의 혹등고래 무리는 모여서 이동하지 않고 각자 자신의 속도로 움직인다.

목적지는 정해져 있지만, 도착한 후에 암컷을 찾으면 이미 라이벌들이 득실대서 짝을 구하는 데 늦을 가능성이 높다. 따라서 번식 해역에 도착하기 전에 하루빨리 짝을 만나야 유리하지만, 망망대해에서 암컷과 수컷이 만나기가 쉽지 않다.

그래서 수컷은 번식 해역으로 향하면서 암컷에게 자신의 존재를 알리기 위해 자신의 특기인 복잡한 노래를 불러 "나는 여기에 있소"라며 암컷을 유혹하는 것으로 보인다. 이 노랫소리는 3,000킬로미터 떨어진 곳에서도 들린다고 한다. 둘의 만남이 성사되어 짝을 맺으면 나란히 헤엄치거나, 가슴지느러미를 맞대거나, 서로의 몸을 밀착시키는 모습도 관찰된다. 교미가 끝난 후에도 종종 데이트를 즐기기도 한다.

수컷의 다정함을 이용하는 암컷

수컷이 필사적으로 노력하는 반면, 번식기의 암컷 혹등고래는 아무것도 하지 않아도 인기가 넘쳐난다. 암컷 주위로 여러 마리의 수컷이 모여들어 일부다처가 아닌 일처다부제의 양상을 보인다. 확실하게 자손을 남기기 위해 암컷은 여러 마리의 수컷과 교미하고 임신해서 출산한 후로는 육아에 전념한다.

새끼가 있는 어미는 기본적으로 발정하지 않는다. 새끼가 태어나면 분비되는 호르몬이 바뀌기 때문이다. 발정하는 동안에는 여성 호르몬의 일종인 에스트로겐이 다량 분비되고, 새끼를 키우는 동안에는 젖 분비를 촉진하는 프로락틴과 사랑 호르몬으로 일컬어지는 옥시토신의 분비량이 많아진다. 이 호르몬의 영향으로 '수컷보다 새끼!' 모드가 발동해 수컷은 관심 밖으로 밀려난다.

그런데 한창 육아 중인 어미 주변에도 항상 몇 마리 수컷이 다가와 노래를 부르는 광경이 관찰된다. 육상 포유류 사이에서 일어나는 '새끼 죽이기(다른 수컷의 새끼를 죽여 암컷의 발정을 유도하는 행위)'가 발생하기는커녕 새끼가 있는 어미를 발견하면 보호하려고 한다.

이러한 행동을 '에스코트'라고 한다. 어미와 새끼가 파도와 바람이 약한 얕은 여울이나 섬으로 향하면 에스코트하던 수컷도 커다란 가슴지느러미를 섬세하게 틀어 둘에게 피해가 가지 않도록 조심

혹등고래의 에스코트(위가 수컷)

하면서 나란히 헤엄친다. 신중하고도 신사적인 행동이 에스코트라는
단어와 어울린다.

　물론 아무 대가도 바라지 않고 하는 행동은 아니다. 어미와 새끼
를 지키면서 희박한 확률이나마 교미할 틈을 호시탐탐 노린다. 실제
로 에스코트하던 수컷이 교미하는 행동이 번식 해역에서 관찰된 적
이 있지만 임신으로 이어졌는지는 알 길이 없다.

　어미는 이런 수컷에게 관심을 주지 않지만 에스코트를 당연하
게 받아들여서 수컷의 보호를 받으면서 육아를 완수한다. 그해에 교

미에 실패한 수컷은 다음 해까지 기다려야 한다. 측은한 마음도 들지만 내년에는 기필코 성공하겠다는 굳센 의지가 다른 고래들은 흉내 낼 수 없는 특유의 복잡한 노래를 탄생시킨 원동력인지도 모른다.

혹등고래의 다정함은 번식 활동과 무관한 상황에서도 자주 목격된다. 예를 들면 번식 해역에서 새끼를 돌보던 어미 고래가 봄이 되어 먹이가 풍부한 해역으로 이동할 때, 새끼는 아직 꼬물이인 경우가 많다. 심지어 먹이 해역에는 살인자 고래인 범고래가 매복해 있다.

캐나다 연구팀이 촬영에 성공한 사례가 있다. 멕시코 연해에서 출발해 겨우 베링해 코앞에 도착한 귀신고래 어미와 새끼를 향해 갑자기 범고래 무리가 맹렬한 속도로 돌진했다. 그런데 그 순간 어디선가 혹등고래 몇 마리가 나타나 귀신고래 어미와 새끼를 지키듯 그 사이에 끼어들었다. 결국 범고래는 별수 없이 물러났다. 간발의 차로 어미와 새끼는 목숨을 건졌고, 혹등고래들은 아무 일도 없었던 것처럼 유유히 떠났다. 그야말로 영웅이었다.

또 다른 경우에는 범고래들이 빙판 위에 있는 물범에게 돌진해 바다로 떨어뜨려 잡아먹으려는 순간, 어디선가 나타난 혹등고래 한 마리가 물범을 겨드랑이에 올려놓고 몸을 뒤집은 채로 수십 분 동안 헤엄쳐 범고래 무리에게서 물범을 구해냈다고 한다. 고래는 배영 자세로는 호흡을 할 수 없기 때문에 생명에 지장을 준다. 놀랍게도 혹등고래가 목숨을 걸고 한 마리의 물범을 구해낸 것이었다.

혹등고래의 높은 지능과 사회성이 돋보이는 행동은 먹이를 사냥할 때도 관찰된다. 혹등고래는 동료들이 힘을 모아 먹잇감을 몰아넣는 거품 그물 사냥bubble net feeding을 벌인다. 혹등고래 여러 마리가 일정한 간격으로 군집성 먹이생물을 에워싸고 시계방향으로 돌다가 분기공에서 거품을 뿜으며 천천히 수면 위로 올라간 다음, 거품 그물에 갇힌 먹이생물 무리를 일망타진하는 것이다. 협동 사냥은 동물계에서 드문 편이며, 고래 중에서도 혹등고래만이 협동한다.

혹등고래의 노래는 유튜브 영상이나 시중에 판매되는 음반으로도 들을 수 있다. 또는 번식 해역인 오키나와나 오가사와라 제도에서 스쿠버다이빙을 하면 라이브로 들을 수 있고, 하이드로폰(수중 마이크)이 탑재된 관광선을 타면 스피커에서 그해에 유행하는 노래를 들을 수 있다.

혹등고래의 노래는 음의 높낮이와 세기도 있고, 긴 음과 짧은 음이 반복되며, 비올라나 오보에의 음색을 방불케 한다. 나는 혹등고래의 노래를 너무도 사랑해서, 그 울음소리를 들으면 곧바로 눈물샘이 터져 난처해지곤 한다.

노래를 부르고 있는 고래에게 잠수해서 다가가면 소리뿐 아니라 온몸으로 진동이 전해지는 일이 종종 있는데, 입체 음향 효과가 따로 없다.

상처투성이 수컷이 인기가 많다

민부리고래의 상처는 사나이의 훈장

수컷끼리 치열하게 싸우다 생긴 상처 자국을 사나이의 훈장 삼아 암컷에게 구애하는 경우가 있는데, 바로 부리고랫과 고래가 그렇다. 그중에서도 민부리고래를 살펴보자. 민부리고래는 몸길이 6.7~7미터에 체중은 2~3톤이다. 고래로서는 중간 크기로, 몸통은 날씬하지만 다부지고, 주둥이가 짧다.

앞에서 설명했다시피 고래는 크게 이빨고래와 수염고래로 나뉘는데, 민부리고래는 이빨고래에 속한다. 이빨고래는 이빨이 있는 고래를 일컫는데, 민부리고래는 성숙한 수컷의 아래턱에만 한 쌍의 이빨이 난다.

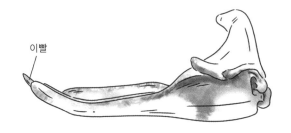

이빨

상처투성이 민부리고래와 수컷의 아래턱 골격

　본래 동물의 이빨은 사냥감의 숨통을 끊거나 씹어 먹기 위한 소화기관이다. 하지만 민부리고래의 이빨은 그런 역할을 수행하지 않는다. 주요 먹이인 심해의 오징어나 갑각류 등을 씹지도 않고 해수와 함께 통째로 삼킨다. 이빨을 쓰지 않는다는 근거는 암컷 민부리고래의 이빨이 평생 아래턱뼈에 묻혀 있다는 점에서도 알 수 있다.

　"이빨도 없이 어떻게 오징어를 먹지?" 싶겠지만, 인간의 상식은 다른 생물에게 통하지 않는 법이다. 민부리고래는 오징어와 갑각류를 통째로 삼켜 위에서 재빨리 소화시킨다. 음식(먹이)을 꼭꼭 씹어

맛을 즐기기보다는 빨리 소화시켜 영양분을 흡수하는 것이 중요하기 때문이다.

그렇다면 수컷 민부리고래는 왜 이빨이 있을까? 번식기에 암컷을 두고 수컷들이 싸워야 하기 때문이다. 이빨로 경쟁자를 공격하는데, 이기든 지든 상처를 입는다. 몇 번이나 싸워서 이겨야 하므로 싸움에 능한 개체의 몸은 상처투성이가 된다. 상처가 나은 후에도 남아 있는 하얗고 평행한 두 줄의 흉터는 싸움 경력이 많고 힘센 수컷이라는 증거가 된다.

상식적으로 야생동물의 상처는 불리하다. 생명을 위협하는 위험 요인인 데다, 부상당한 수컷을 좋아할 암컷은 자연계에 없을 것이다. 하지만 수컷 민부리고래는 상처가 회복된 자리에 흉터가 남아도 그다지 문제가 되지 않는다. 오히려 힘이 세다는 증거로서 암컷을 유혹하는 데 활용한다. 실제로도 흉터가 많을수록 몸집이 큰 경향이 있어서 암컷에게 인기가 많다.

민부리고래는 일본 연안에 넓게 분포하고 있다. 잠수 능력이 상당히 뛰어나 바다 깊이 서식하는 두족류와 갑각류를 사냥하러 최대 3,000미터까지 잠수한 기록이 있을 정도다. 보통 30분에서 1시간 정도면 수면 위로 올라오지만, 4시간 가까이 잠수한 기록도 보고되었다. 고래 중에서는 가장 긴 기록이다. 민부리고래만 장시간 잠수가 가능한 이유는 아직 밝혀지지 않았다.

민부리고래의 몸에는 하얗고 동그란 흉터도 많이 보인다. 심해에 사는 검목상어에게 피부를 물어뜯긴 상처로, 사나이의 훈장은 아니다. 검목상어의 영문명은 쿠키 커터 상어cookie-cutter shark다. 그 이름처럼 고래의 피부를 콱 물어 뜯어내 과자 틀로 찍어낸 것처럼 하얗고 동그란 상처 자국을 남긴다. 수컷 민부리고래뿐만 아니라 암컷이나 가다랑어, 참치 등의 대형 어류와 바다거북에게서도 이 상처 자국을 볼 수 있다.

참고로 민부리고래의 일본명은 아카보쿠지라アカボウクジラ인데, 민부리고래의 옆모습이 아기赤ん坊(발음은 아칸보―옮긴이)와 닮았다고 해서 붙은 이름이다. 제아무리 위풍당당하게 이빨을 뽐낸들 얼굴이 귀염상이면 사나이의 훈장은 있으나 마나다.

사실 아기 얼굴과 닮았다는 생각 자체가 인간의 생각이다. 민부리고래 입장에서는 타고난 외모로 왈가왈부하진 않겠지만, 귀여워 보이는 건 어쩔 수 없다.

짝을 만나겠다고
이빨 기능을 버린 일각고래

일각고래 엄니 품평회

이빨고래류 중 민부리고래처럼 이빨을 구애 전략에 활용하는 또 다른 종이 있는데, 일각고랫과 일각고래속으로 분류되는 일각고래다. 일각고래는 캐나다 북부와 그린란드 서부 극지에 서식하고 평소에는 수 마리에서 20마리가 무리 지어 생활하는데, 여러 무리가 같은 해역에 모이는 경우도 있다.

일각고래의 일각은 한자로 一角이라고 쓴다. 이것이 오해를 불러일으킨 원흉인데, 얼굴 앞쪽으로 곧게 뻗어 창처럼 생긴 하얀색 기관이 있는 동물을 난생처음 본 서양인이 상상 속의 동물 유니콘(한 개의 뿔)에 비유하면서 유니콘이라는 별명이 붙었다. 그

후 '유니콘'을 직역하는 바람에 일본명이 '일각'이 된 것이다. 영어로는 Narwhal이지만, 학명은 *Monodon*(Mono(하나의)-odon(이빨)), *monoceros*(Mono(단일의)-ceros(뿔))다. 속명 *Monodon*에서는 하얗고 길고 가느다란 것을 이빨로 표기하고 종소명 *monoceros*에서는 뿔로 표기한 점만 봐도, 발견 당시부터 이 생물의 정체를 두고 고민한 흔적이 엿보인다.

수컷 일각고래에서 가장 두드러진 특징인 하얗고 길쭉한 창 모양은 뿔이 아니라 이빨(앞니)이 발달한 엄니다. 수컷의 위턱에 난 앞니는 성적 성숙에 따른 것으로, 어떤 연유에선지 왼쪽 앞니 하나만 윗입술을 뚫고 자라난다(드물게 2개 모두 자라는 개체도 있다).

수컷 성체의 몸길이는 4~5미터인데, 엄니는 성장하면서 얼굴 피부를 뚫고 최대 3미터까지 자라난다. 이토록 굉장한 엄니를 가진 고래는 일각고래뿐이다. 이 현상은 기본적으로 수컷에게서만 관찰된다는 점에서 구애 전략으로 짐작된다.

일각고래의 엄니는 일반적인 포유류의 이빨 구조와 차이는 없지만, 반시계방향의 나선형으로 자라고 꽤 단단하다. 이 엄니를 서로 맞부딪쳐 암컷이나 먹이 쟁탈전을 벌이는 것으로 보인다.

미국 연구팀에 따르면, 번식기에 엄니 길이를 겨루는 수컷들의 모습이 자주 관찰된다고 한다. 이로 미루어 보아 엄니의 굵기보다는 길이가 암컷에게는 중요한 선택 조건인 것이다. 즉 엄니가 긴 수컷일

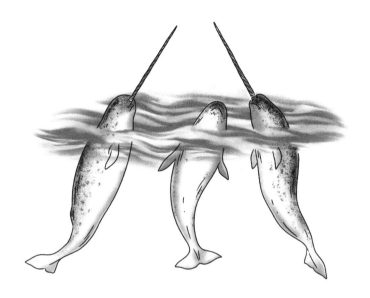

엄니 길이로 경쟁하는 수컷

수록 생식의 기회가 많다. 연구 결과, 번식기에는 엄니를 부딪쳐 싸우기보다는 엄니 품평회가 열려서 가장 긴 엄니를 가진 수컷이 우승하고 많은 암컷과 교미할 기회가 주어진다는 것이 밝혀졌다.

한편 일각고래의 나선형 엄니는 엄니 내부로 해수가 들어가는 경로가 있어서 해수를 내부의 혈관이나 신경이 감지하여 주변 환경과 해류를 인지하는, 일종의 감지 센서 역할을 하는 것으로 보인다는 연구 결과도 있다. 그러나 이빨 내부로 해수가 들어가는 구조는 일반적인 포유류의 이빨로는 버티기 어렵다. 인간은 치아에 균열이 생겨서 음식물이나 주스가 치아 안쪽에 약간만 닿아도 상당히 아프거나 시리다고 느낀다.

일각고래의 엄니에 감지 센서 기능이 있다면 암컷은 이빨이 없으니 생존 전략이라고 보기엔 문제가 있다는 반론도 많아서 지금도 논의와 연구가 진행 중이다.

어쨌든 피부를 서서히 뚫고 발달하는 위턱의 앞니는 인내력 테스트 같아서 그 통증을 상상만 해도 아플 지경이다. 실제로 엄니가 뚫고 나온 부분은 처음엔 붓고 피도 난다. 그래도 시간이 지나면서 피부는 원래대로 회복되고 예전부터 엄니가 있었던 것처럼 자리 잡는다. 이렇게라도 하지 않으면 암컷에게 매력을 뽐낼 수 없다니, 대단하다.

해달의 애정 표현은 너무 아프다

수컷이 암컷을 물어뜯는 이유

해양 포유류 중 식육목 족제빗과에 속하는 해달은 수컷이 암컷에게 들이대면서 사랑이 시작된다. 평소에는 암수가 따로 움직이지만, 암컷이 발정하면 수컷 무리로 뛰어든다. 그리고 발정한 암컷을 발견하면 수컷은 암컷에게 다가가 코를 툭툭 치며 데이트를 신청하듯 행동한다.

해달의 경우 수컷의 몸집이 커야 매력적이라거나, 싸움에서 이겨야만 교미 선택권을 얻는 식으로 치열한 경쟁은 하지 않는다. 번식할 시기에 우연히 만난 둘은 비교적 평화롭게 구애 활동을 시작한다.

암컷이 데이트 신청을 수락하면 둘이 해수면에 나란히 떠다니거나 장난을 치면서 잠시 달콤한 시간을 보낸다. 다정하게 붙어 있는 훈훈한 광경에 '해달은 뭘 해도 귀엽네' 하는 생각이 절로 든다.

그런데 그다음부터 무시무시한 상황이 전개된다. 수컷이 암컷의 등 뒤로 몸을 휙 틀어서 대뜸 암컷의 코를 물어뜯는다. 그리고 그 자세로 교미를 시작한다. 도대체 왜 물어뜯는 것일까? 그렇게나 사이좋아 보였는데 말이다.

수컷이 암컷을 물어뜯는 가장 큰 이유는 교미 시 체위를 안정시

해달의 교미

키기 위한 것으로 보인다. 해달은 불안정한 바다 위에서 교미하기 때문에 암컷의 움직임을 통제해서 확실하게 교미하려고 한다. 게다가 수컷이든 암컷이든 교미하는 중에도 호흡은 해야 한다. 수컷이 암컷의 코를 물어 머리를 해수면 위에 고정하여 서로 호흡을 확보하면서 독특한 방식이 만들어졌다는 주장에 힘이 실리고 있다.

그렇다고는 하지만 민감한 코를 물다니,《베니스의 상인》에 나오는 샤일록이나 칭찬했을 법하다. 소의 코뚜레(코걸이)도 이와 같은 원리로, 코를 제압당하면 저항 한번 해보지 못하고 얌전해지는 동물이 많다. 고양잇과 동물을 옮길 때 목덜미를 잡거나 말에게 물리는 재갈도, 동물의 급소를 노려 움직임을 통제하는 수단이다. 그러므로 불안정한 장소에서 확실하게 교미하기 위해 수컷이 암컷의 코를 제압해 움직이지 못하게 막는 것은 합리적이다.

그러나 너무 세게 물어서 암컷의 얼굴이 피범벅이 되거나 흉터가 남는 경우도 적지 않다. 경우에 따라서는 상처 때문에 먹이를 먹지 못하거나 감염되어 죽기도 한다니, 평온과는 거리가 멀다.

보통 해달이라고 하면 귀여운 이미지를 먼저 떠올린다. 배 위에 조개를 올려놓고 쪼개서 먹거나, 얼굴 털을 정돈하거나, 새끼를 배에 올려놓고 헤엄치는 모습은 귀여울 뿐이다. 그런데 족제빗과 포유류인 해달은 몸길이가 100~130센티미터로 의외로 몸집이 크다. 개로 치면 셰퍼드만 한 체구다. 힘이 하도 세서 해달이 장난으로 사육사를 수조로 끌고 들어갔다는 일화도 종종 듣는다. 특히 발정기가 되면 성질이 사나워진다.

지금 일본의 수족관은 해달이 사라질 것을 우려한다. 1980년대에 알래스카에서 해달 4마리가 도바 수족관으로 처음 건너왔고 전성기였던 1990년대에는 일본에만 무려 122마리나 있었지만, 지금은 3마리밖에 남지 않았다. 이 중 한 마리는 나이가 많고, 나머지 두 마리는 피를 나눈 자매다. 이대로라면 일본의 수족관에서 해달을 볼 수 없을 것이다.

한편 희소식도 있다. 야생 해달은 주로 북태평양 북아메리카에서 쿠릴 열도 연안에 이르기까지 서식하는데, 최근 홋카이도 동부 연안에서 야생 해달이 다시 관찰되었다. 한때 일본 연안에도 해달이 많이 서식했는데, 모피를 얻으려고 남획한 결과 자취를 감추었던 것이다. 그러나 최근 개체수가 회복되면서 일본 인근에도 들르게 된 것으로 보인다. 어미와 새끼가 관찰되었다니, 앞으로 야생 해달을 자주 볼 수 있는 다양성 넘치는 바다로 되돌아가길 간절히 바란다.

COLUMN

해저에 나타난 미스터리 서클

1990년대 중반, 가고시마현 아마미오섬 해저에서 신비로운 조형물(서클)
이 발견됐다는 뉴스가 보도되었다. 그 뉴스에 따르면 모랫바닥에 그려
진 서클은 다음과 같은 특징이 있다.

- 직경은 약 2미터다.
- 중심부에서 테두리 방향으로 방사상 패턴이 나 있고 홈이 많다.
- 서클 테두리에 둑이 2중으로 쌓여 있고, 조개껍데기 파편이 흩어져
  있다.
- 서클은 4월부터 8월경에만 나타난다.

섬 주민들은 미스터리 서클이라고 불렀지만, 누가 어떤 목적으로 만드
는지 여전히 밝혀지지 않았다.

그러다가 2011년, 이 서클이 작은 복어가 만든 산란 둥지라는 사실이 밝
혀졌다. 해양 포토그래퍼 오카타 요지가 작은 복어가 서클을 만드는 모
습을 목격하면서, 국립과학박물관의 명예 연구원 마츠우라 게이치 교수
가 복어의 정체를 알아낸 것이다.

마츠우라 교수는 국립과학박물관의 동물연구부 부장, 부관장을 역임하
면서 나에게 많은 도움을 주기도 했다. 마츠우라 교수가 그 복어를 관찰
한 것은 2012년 7월 초순으로, 당시의 상황은 다음과 같다.

미스터리 서클

아마미오섬에서 오카타 씨와 방송국 관계자들과 함께 수심 25미터 해저로 잠수하자 미스터리 서클이 보였다. 서클 중심부에는 몸길이 약 12센티미터의 소형 복어가 있었다.

복어는 서클 중심부에서 지느러미로 모랫바닥을 바삐 휘젓고 있었다. 서클의 주인은 수컷이었다. 암컷은 서클에 방문해 중심부에서 수컷과 바짝 달라붙어 산란한다는 사실을 알아냈다. 미스터리 서클은 다름 아닌 산란 둥지였다.

(해양 정책 연구소 홈페이지에서 발췌)

그때 바닷속에서는 흥분의 도가니였을 것이다. 이후의 연구에서 미스터리 서클을 만드는 복어가 토키게네르속^{Torquigener} 신종으로 밝혀졌다. 미스터리 서클을 만드는 복어의 존재는 큰 반향을 일으켰고 유명세를 탔다.

신종 생물이 정식으로 인정받으려면 표본(이를 기준 표본이라고 한다)이 있는 논문을 발표해야 한다. 그러나 표본을 채집한다는 것은 살아 있는 복어를 죽여야 한다는 뜻이었다. 마츠우라 교수는 섬 주민들에게 논문을 발표하는 데 표본이 필요한 이유와 표본 제작을 위해 여러 마리의 개체를 채집해도 멸종할 위험은 없다는 점을 자세하게 설명했다. 이후 신종을 실은 논문은 표본과 함께 무사히 발표되었다.

마츠우라 교수와 연구팀은 아마미오섬을 기념하는 이름을 붙여달라는 섬 주민들의 부탁을 받고, 고심한 끝에 '아마미호시조라후구'라고 명명했다(한국명은 흰점박이복어─옮긴이). 복어의 몸 표면에 있는 하얀 반점과 아마미오섬에 별이 빛나는 아름다운 하늘을 연관지어서 이런 이름이 붙었다(아마미(アマミ): 지역명, 호시조라(ホシゾラ): 별이 빛나는 하늘, 후구(フグ): 복어─옮긴이). 꿈이 담겨 있는 이름이다. 나는 사랑스러운 종명을 듣고 이 복어가 좋아졌다. 2015년 4월에는 국제생물종탐사연구소가 선정한 '전 세계 10대 신종'에 흰점박이복어가 이름을 올렸다.

수컷 흰점박이복어는 왜 이렇게 둥지에 공을 들일까? 마츠우라 교수의 연구에서 밝혀진 사실은 다음과 같다.

수컷 흰점박이복어는 일주일에 걸쳐 직경이 2미터나 되는 복잡한 형태의 산란 둥지를 만든다. 이곳에 찾아온 암컷은 산란 둥지 중심부에 알을 낳는다. 알은 닷새 후에 부화한다. 수컷은 왜 일주일이나 공들여 복잡한 그림을 해저에 그릴까? 산란 둥지에는 중심부에서 테두리 방향으로 여러 개의 홈이 방사상 패턴으로 나 있다. 그래서 해수가 어느 방향에서 오든 결국 중심부로 모인다.

그 결과, 중심부의 해수는 정체되지 않고 알은 항상 신선한 해수를 공급받는다. 알의 성장에 산소가 든 신선한 해수는 정말 중요하다. 방사상 패턴의 홈은 알에 적절한 환경을 제공하는 것이다.

(해양 정책 연구소 홈페이지에서 발췌)

대부분의 어류는 해저나 강바닥에 움푹 파인 곳에 알을 낳고 지느러미를 움직여 알에 물을 공급한다. 문어도 산란한 후 입을 이용해 항상 신선한 해수를 보내 산소를 공급한다. 이 방법이 대규모 산란 둥지를 만드는 것보다 쉬워 보이지만, 흰점박이복어는 막대한 에너지를 들여 산란 둥지를 만드는 쪽을 선택했다.

마츠우라 교수의 연구에 따르면 산란 둥지의 형태가 암컷을 유혹하는 효과가 있다고 한다. 흰점박이복어가 사는 해저의 모랫바닥은 사방이 트여 있고 그다지 변화가 없는 환경이라, 복잡하고 큰 서클을 만들어 눈길을 끄는 구애 전략을 펼치는 것이다. 암컷의 입장에서는 새끼(알)를 안전하게 낳아 키울 수 있는 환경을 만들 만한 힘이 있는 수컷을 선택하려는 의도도 있을 것이다.

흰점박이복어의 산란 행동에 숨은 수수께끼가 모두 밝혀지지는 않았지만, 암컷은 자손을 남기는 데 유리한 수컷을 선택한다는 것을 잘 보여주는 예다.

2장

은빛으로 반짝이는 고릴라의 등

육상 포유류의 구애 전략

짝짓기를 위해
목숨을 걸다

인간을 포함한 포유류는 대부분 육상에 거점을 두고 생활한다. 야생에 사는 포유류는 산, 협곡, 정글, 숲속, 사막, 사바나, 툰드라 등 다양한 환경에서 저마다의 전략으로 생존을 도모한다.

사바나와 사막 같은 평지나 먼 거리까지 보이는 환경에서 서식하는 동물은 암컷의 시선을 끌기 위해 몸의 일부를 크게 부풀리는 경향이 있다. 어떻게든 눈에 띄어야 승부가 시작되기 때문이다.

그러나 나무들이 빽빽하게 우거진 숲속이나 정글에서 몸의 일부를 크게 만들었다가는 오히려 거치적거린다. 그래서 얼굴 색깔을 바꾸거나 등에 난 털을 부각시켜 매력을 뽐낸다. 코나 볼을 부풀리는 작은 변화를 꾀해 최선을 다해 구애하는 동물도 있다.

그중에는 구애의 도구인 엄니를 라이벌 수컷보다 길게만 늘리다가 목숨을 잃은 동물도 있다. 그야말로 목숨을 건 구애다.

인간도 다양한 구애 행동을 펼친다. 동물에 비교할 정도는 아니지만 나름대로 노력한다. 좋아하는 이성에게 괜히 심술부리거나, 갑자기 다정해지거나, 직접적으로 편지로 고백하기도 한다. 누구나 한 번쯤 시도해본 방법일 것이다.

이렇게 보면 인간의 구애는 몸의 일부를 변화시키거나 웅장한 둥지를 만들어 관심을 끄는 동물에 비해 소극적으로 보인다. 그러나 인간은 마음에 둔 이성에게 마음을 전하기 위해 경쟁자의 눈을 피해 은밀히 신호를 보내는 등 복잡한 두뇌전도 펼친다. 16세기 의학자이자 해부학자 안드레아스 베살리우스Andreas Vesalius는 사람을 사람답게 만드는 것은 뇌라고 했는데, 구애 활동을 살펴보면 이 말이 떠오른다.

다양한 지구 환경에서 서식지를 확장시킨 생물 중 으뜸은 단연 포유류다. 기나긴 세월을 거치며 끊임없이 방법을 모색해 놀랄 만큼 다양하게 구애 전략을 발전시켰기 때문이다.

은빛으로 빛나는 등은
성숙의 상징

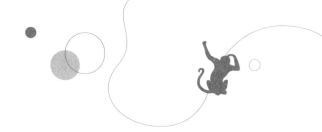

남자는 말을 아끼고 등으로 말하라

몇 년 전, 동물원에 사는 '미남' 수컷 고릴라가 세간의 관심을 한 몸에 받았다. 인기몰이의 주인공은 아이치현 나고야시에 있는 히가시야마 동식물원에 사는 수컷 고릴라 샤바니였다. SNS에 올린 샤바니 사진이 '남자답게 생겼다', '잘생겼다'며 화제를 모았고, 입소문이 일파만파 퍼지면서 여성 팬들이 몰려들었다.

나도 텔레비전과 인터넷 뉴스에서 보았는데, 고전적인 미남 스타일이라 놀랐다. 요즘 시대에 주목받기보다는 쇼와(1926~1989년—옮긴이) 시대의 영화배우처럼 이목구비가 뚜렷하고 눈빛도 그윽했다. 이 와중에 탄탄한 근육질 몸매에 무심해 보이기까지 하니, 사람들이 좋아할 만했다.

고릴라는 영장목 사람과 고릴라속이다. 분류명인 고릴라는 그리스어로 '털이 많은 부족'을 뜻하는 gorillai에서 유래했다. 인간의 게놈(생물이 정상적인 생명 활동을 영위하는 데 필요로 하는 최소한의 유전자군을 포함한 한 쌍의 염색체) 염기배열과 유사성이 높은 동물은 침팬지인데, 인류의 조상과 침팬지의 조상이 약 1,000만 년 전에 고릴라와 공통 조상을 지녔다는 사실이 밝혀졌다. 그래서 인류의 유전자 중 15퍼센트는 침팬지보다 고릴라에 가깝다는 연구 결과도 보고되었다.

아프리카대륙에 사는 고릴라는 크게 서부 개체군과 동부 개체군으로 나뉘며, 각각 서부고릴라(서부로랜드고릴라, 크로스강고릴라 아종 2종)와 동부고릴라(마운틴고릴라, 동부로랜드고릴라 아종 2종)로 분류된다. 일본 동물원에 있는 고릴라는 대부분 서부로랜드고릴라인 것 같다. 고릴라는 주로 저지대 열대우림에서 생활하지만, 마운틴고릴라처럼 고지대를 거점으로 삼는 종도 있다.

고릴라는 수컷이 암컷보다 몸집이 커서 성적 이형(형태, 크기, 색깔 등 암수가 구분되는 형질 차이—옮긴이)이 나타난다. 수컷의 몸길이는 약 180센티미터, 암컷은 약 160센티미터이고, 수컷의 체중은 180킬로그램, 암컷의 체중은 약 100킬로그램 정도다. 수컷의 체중이 암컷보다 2배인 종도 있다.

고릴라의 사회구조는 아종과 지역에 따라 달라진다. 수컷 혼자 행동하거나, 한 마리의 수컷과 여러 암컷이 하렘을 이루는 것이 일반적인 구조다. 하렘에서 태어난 새끼 수컷은 공동 생활을 하지만, 이내 성장해서 무리의 암컷과 교미하려고 하면 우두머리가 무리에서 쫓아낸다.

수컷 고릴라는 몸집만 커지지 않는다. 태어나고 13년이 지나면 등의 털이 은백색으로 변하는 실버백silver back이 나타난다. 성숙한 수컷을 상징하는 은백색의 등은 갈색과 검정 털 사이에서 유달리 눈

고릴라의 실버백

에 띄고, 생후 18년 무렵부터는 후두부가 돌출하는 성적 이형도 나타나면서 유혹할 때 활용된다.

고릴라는 다양한 구애 활동을 한다. 실버백 또는 돌출된 후두부를 과시하면서 '남자는 입 다물고 등으로 말한다'는 유형도 있지만, 드러밍(가슴을 두드리는 행위), 큰 울음소리 내기, 대변 던지기를 한다고 알려져 있다. 고릴라는 암컷도 구애 활동을 하는데, 가까이 다가가 얼굴을 쳐다보거나 몸을 밀착시켜 마음에 드는 수컷을 유혹한다.

실버백은 구애 활동과 수컷의 상징으로도 필수적이지만, 또 다른 매력도 있다. 근사하고 드넓은 등은 새끼들의 놀이터가 되어주는 것이다. 새끼 고릴라는 생후 1년까지 어미가 혼자 돌보고 그 이후로는 무리의 암컷들과 공동으로 육아한다. 수컷도 육아와 예의범절 교육에 적극적으로 참여한다.

근사한 실버백이 있는 수컷은 잘생긴 데다 육아도 잘한다. 게다가 무리를 통솔하기 위해 무리 내의 분쟁을 중재하고 다른 무리에게서 동료를 보호하기 위해 싸우는 등 이상적인 리더로 성장한다.

성숙해지면서 털 색깔이 하얗게 변하는 실버백 현상은 다른 동물에게서도 관찰된다. 노령의 강아지와 해달 등은 성별과 무관하게 얼굴 털 일부가 하얘져서 겉만 봐도 나이 든 개체인 것을 알 수 있다. 인간도 나이가 들면 흰머리가 나서 반백이 된다. 인간의 흰머리는 멜라닌 색소 부족이 원인인데, 멜라닌 색소가 줄어드는 근본적인 원인은 아직 밝혀지지 않았다.

이에 비해 고릴라는 성적으로 성숙해진 수컷의 등만 은백색으로 변한다는 점에서 테스토스테론 등의 남성 호르몬과 관련이 있는 것으로 보인다. 2차 성징에서 남성 호르몬이 분비되면 멜라닌 색소가 빠지고 아름다운 은빛으로 탈바꿈한다.

왜 등의 색깔만 바뀔까? 가장 넓고 눈에 잘 띄는 부위이기 때문이라는 추측이 있다. 삼림과 초원에서는 면적이 넓거나 위치가 높은 부위를 강조해야 효율이 가장 좋다. 넓은 등판의 색깔만 은백색이면 몸집을 과시하여 위엄을 뽐낼 수 있다. 그럴 만한 이유가 있다는 말이다.

볼록 튀어나온 정수리로 유혹하다

수컷 고릴라는 성적으로 성숙해지면 두개골 중 후두골(뒤통수뼈)이 돌출된다. 두개골 자체가 현격히 커지면서 뼈가 후두부에서 정수리까지 볼록 튀어나온 구조(골융기)의 '시상능'이 발달하기 때문이다. 이 특징이 나타나는 두개골을 고릴라 두개골gorilla skull이라고도 부른다.

시상능은 먹이를 씹을 때 움직이는 양쪽 측두근과 연결돼 있다. 일반적으로 포유류의 측두근은 측두골부터 정수리 아래까지 붙

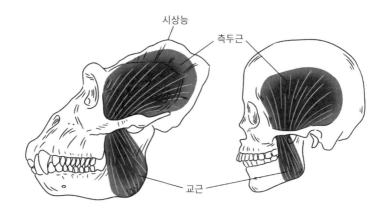

시상능

측두근

교근

고릴라(왼쪽)와 사람(오른쪽)의 두개골과 저작근

어 있고, 고릴라처럼 성장하면서 씹는 힘이 세지는 포유류는 측두근이 계속 발달해 정수리까지 범위가 넓어진다. 측두근이 뼈에 단단히 붙어 있으려면 좌우의 두개골을 연결해주는 시상봉합을 따라 후두부에서 정수리까지 시상능이 발달하고, 이에 따라 뼈가 돌출한다. 즉 시상능이 발달한 수컷은 먹잇감이나 적을 씹고 무는 힘이 강해진다. 암수 고릴라의 두개골과 비교해보면 수컷의 시상능과 측두근이 현격히 발달해 있어서 저작 능력이 상상을 뛰어넘을 정도로 강력한 무기가 된다. 씹는 힘은 인간의 10배, 20배나 된다고 한다.

사실 나는 관자근을 포함하는 저작근을 좋아한다. 뚜렷한 이유는 없다. 굳이 이유를 찾자면 두개골에 붙어 있는 근육의 형태가 실로 아름답고, 씹기 위해 열심히 움직이는 모습을 근육의 모양이나 움직임으로 알아낼 수 있다. 그래서 물범이나 바다표범의 측두근을 어루만져 근육의 탄력성을 어림짐작할 수 있다.

내 전문 분야 중 하나인 고래목은 먹이를 흡수하는 쪽으로 진화했기 때문에 먹이를 씹어 먹지 않는다. 종과 먹이에 따라 저작근이 달라지므로 뭍에 사는 포유류와 다른 관점에서 보아야 한다.

고릴라의 저작근을 자세하게 해부한 적은 없지만, 수컷 고릴라는 아름답고 훌륭한 근육의 움직임을 짐작할 수 있을 만큼 훌륭한 두개골을 가지고 있다.

고릴라의 드러밍에 숨은 비밀

수컷 고릴라는 자신의 가슴을 두드리는 '드러밍' 행동을 한다. 1933년에 영화 〈킹콩〉이 개봉하면서 하루아침에 고릴라의 기묘한 행동이 세상에 알려졌다. 이 행동의 이유를 두고 여러 추측이 난무했지만, 모두 근거가 부족했다.

그러던 2021년, 독일 연구팀의 마운틴고릴라 연구 결과에 따르면 몸집이 큰 고릴라일수록 후두의 공기주머니가 커서 낮은 주파수 소리를 먼 곳까지 보낼 수 있다는 사실이 밝혀졌다. 이 소리를 들은 수컷은 경쟁자의 전투 능력을 가늠하고 불필요한 투쟁을 피한다.

실버백 고릴라가 우두머리로 있는 고릴라 사회에서는 소모적인 투쟁을 하지 않는다고 한다. 같은 영장목인 인간이 고릴라에게 배울 점이 더 많다는 생각은 나 혼자만의 생각일까?

힘이 센 오랑우탄은 얼굴이 크다

있다 없다 하는 플랜지

보르네오섬 칼리만탄에 있는 오랑우탄 보호시설을 방문했을 때 충격적인 장면을 목격했다. 덩치가 큰 수컷 오랑우탄이 암컷에게 다가가 강제로 교미를 시도하고 있었다. 암컷은 비명을 지르며 도망치려 했지만, 수컷에게 팔이 붙잡혀 그대로 숲으로 질질 끌려갔다. 숲에 울려 퍼질 만큼 절규하며 저항하던 암컷의 모습이 잊히지 않는다.

'저래서는 성범죄와 다를 게 없잖아.'

그때는 그래 보였다. 수컷의 절반밖에 되지 않는 암컷의 몸집으로는 도저히 교미를 거부할 재간이 없었다. 이런 이야기를 꺼내면 "어떻게든 피할 방법이 없나요?"라는 질문을 받곤 한다. 물론 인간

세상에서는 바로 철창감이다. 그런데 오랑우탄 세계에서는 문제로 삼지 않는 분명한 이유가 있었다.

오랑우탄은 인도네시아와 말레이시아에 걸쳐 있는 보르네오섬과 인도네시아 수마트라섬에만 서식하는 영장목 사람과 오랑우탄속의 대형 영장목이다. 오랑우탄은 말레이어로 '숲의 사람'을 뜻하는 orang(사람) hutan(숲)에서 유래했다.

야생에는 보르네오섬에 사는 보르네오오랑우탄과 수마트라섬에 사는 수마트라오랑우탄, 그리고 2017년에 신종으로 분류된 수마트라섬에 사는 타파눌리오랑우탄의 3종이 존재한다. 3종의 생태는 모두 다르지만, 나무 위에서 생활하고 과일을 주식으로 먹는 잡식성이라는 공통점이 있다.

오랑우탄은 나무 위 생활에 적응하기 위해 앞다리가 뒷다리보다 1.5~2배 정도 길다. 나뭇가지를 잡을 때 손이 미끄러지지 않으려고 엄지 길이는 짧아졌고, 인간의 손처럼 네 손가락은 붙어 있지만 엄지는 떨어져 있다. 엄지를 제외한 긴 네 손가락을 나뭇가지에 갈고리처럼 걸어서 나무에서 나무로 이동한다. 고관절이 유연해서 뒷다리의 움직임이 자유로우며, 엄지발가락은 나머지 네 발가락과 떨어져 있어서 나뭇가지든 뭐든 잘 집는다.

최근 동물원에서는 이 특기를 살려 높이 설치된 줄에서 오랑우탄이 줄을 타는 재주를 선보이면서 아이들에게 큰 인기를 끌고 있다.

그런데 구애 행동은 난폭하다니 마음이 복잡해진다. 명예 회복 차원에서라도 수컷 오랑우탄의 생태를 더 깊이 살펴보자.

수컷 오랑우탄은 부모의 품을 떠나는 12세 전후로 성적으로 빠르게 성숙하고(2차 성징), 테스토스테론 등의 남성 호르몬 분비량이 급격히 늘면서 생김새가 변한다. 이와 동시에 사회적 우열이 정해지고, 힘이 센 수컷의 얼굴에 플랜지flange(볼록한)가 발달한다.

플랜지가 생기면 양쪽 볼의 주름진 피부가 볼록해지는데, 이를 볼판cheek-pad이라고도 한다. 이는 다른 수컷을 위협하거나 암컷을

오랑우탄의 플랜지

유혹하는 데 쓰이며, 사자의 갈기처럼 몸집이 커 보이는 시각적 효과와 힘이 세 보이려는 의도가 있다.

플랜지가 있는 수컷은 동시에 목주머니도 발달하여 독특한 울음소리long call를 낸다. 소리는 약 1킬로미터 전방까지 울려 퍼져서 주위에 있는 수컷들을 위협하고 발정한 암컷을 불러들인다.

플랜지 수컷은 자신이 군림하는 동안 자신의 구역에 사는 다른 수컷들의 플랜지 발현을 억제한다. 살아 있는 동안 한 번도 플랜지가 생기지 않은 수컷을 언플랜지 수컷이라고 한다. 그러나 플랜지가 없다고 해도 방심은 금물이다.

오랑우탄의 세계는 약육강식이 지배하는 야생이다. 플랜지 수컷이 무리에서 잠시 자리를 비우거나 죽으면, 틈을 노리던 2인자가 남성 호르몬과 성장 호르몬을 급속도로 분비시켜 플랜지를 만들고 우두머리의 자리를 차지한다. 20년 이상 언플랜지로 살다가도 플랜지 수컷과 싸워 승리하면 새로운 우두머리로 군림하고 볼에 플랜지가 생긴다.

그런데 언플랜지 수컷이 암컷에게 교미를 강요하는 경우가 있다. 당연히 암컷은 더 강한 자손을 원하기 때문에 거부한다. 보르네오섬에서 본 그 장면이 언플랜지 수컷의 구애 행동이었던 것이다.

플랜지 수컷이 알면 순순히 넘어갈 리 없지만, 그때 플랜지 수컷은 보호센터 직원이 준비한 대량의 과일을 양손에 들고 혼자 즐기고 있었다. 배고픈 상태로는 싸울 수 없었을 것이다.

암컷 오랑우탄이 교미를 쉽게 허락하지 않는 이유는 또 있다. 암컷은 6~9년에 딱 한 번만 발정하고, 그 기간도 한 달에 2~3일뿐이다. 게다가 오랑우탄은 소수의 새끼를 애지중지 키우는 습성이 있다. 새끼는 3살 무렵에 젖을 떼지만 6~7살이 될 때까지 어미와 함께 사는 경우가 많다.

육아 중인 어미가 발정하지 않는 이유는 앞에서 몇 차례 이야기했다. 사자는 새끼를 죽여 암컷의 발정을 강제로 유도한다. 오랑우탄은 새끼 죽이기 습성은 없지만, 육아하느라 발정하지 않는 어미에게 억지로 교미를 요구하니 암컷이 싫어하는 것이다. 암컷은 젖을 뗀 이후에 교미하길 원하는지, 실제로 출산 후 3년이 지난 시점에 다음 새끼를 임신하곤 한다.

언플랜지 수컷의 명예를 위해 밝혀두자면, 언플랜지 수컷과 적극적으로 교미하는 암컷도 있다. 최근 유전자 연구 데이터에 따르면, 플랜지와 언플래지 사이에서 태어난 새끼의 비율이 똑같다고 보고되었다.

평생 자라는 바비루사의 이빨

구애인가, 생명의 위협인가

강인하고 늠름한 수컷임을 강조하기 위해 이빨을 크고 날카로운 엄니로 발달시킨 동물이 육상에도 있다. 포유류의 경우, 엄니로 발달하는 이빨은 송곳니나 앞니인 경우가 많다. 코끼리의 엄니도 위턱 송곳니가 발달한 상아ivory다.

그런데 멧돼짓과 바비루사 수컷은 지나치게 노력한 나머지 엄니가 기이해졌다. 멧돼짓과 바비루사속 3종은 인도네시아의 섬에서 저마다 고유종으로 서식한다. 몸길이는 약 1미터에 털이 적으며, 무거운 개체는 체중이 100킬로그램도 넘는데, 가장 큰 특징은 4개의 엄니다. 수컷만 엄니가 계속 자란다는 점에서 구애와 힘의 상징으로 보이며, 엄니의 크기가 크고 근사할수록 교미할 기회도 많아진다.

바비루사의 엄니는 위아래턱에 있는 송곳니에서 발달한 것이다. 입가에서 바깥 방향으로 자란 아래턱 송곳니는 다른 멧돼지류에도 있지만, 위턱 송곳니는 얼굴 피부를 찢고 코의 꼭대기를 뚫고 나온다. 일반적으로 위턱 송곳니는 아래 방향으로 자라는데, 왠지 바비루사의 위턱 송곳니는 위쪽을 향해 자라다가 피부까지 뚫고 평생 자란다고 한다.

위턱의 송곳니

바비루사

더 심각한 문제는 위아래턱의 송곳니(엄니) 4개가 모두 안으로 휜다는 것이다. 그 각도에 따라 엄니 끝이 바비루사의 머리를 찌르기도 하고, 최악의 경우에는 두개골 안의 뇌까지 찔러 사망하기도 한다. 미숙한 건지 한계를 모르는 건지, 종의 학습 능력이 의문스럽다.

본래 소화기관의 역할을 하는 이빨은 먹이를 사냥해서 씹어 먹어 체내 흡수를 돕는다. 그러나 바비루사의 엄니는 구애 전략이라는 역할에만 충실하다. 이렇게 안간힘을 다해 길어진 4개의 엄니는 의외로 물러서 쉽게 부러진다고 하니, 안타까울 지경이다.

본래 이빨은 잇몸에서 노출된 치관(치아머리)의 표면으로, 단단한 에나멜질로 덮여 있다. 모스 경도로 다이아몬드가 10이라면 에나멜질은 6~7이다. 즉 이빨이 상당히 단단하다는 것을 수치로도 알 수 있다.

반면 이빨 본체를 구성하는 상아질은 에나멜질보다 무르고 모스 경도가 5~6이어서 쉽게 닳는다. 그래서 치관에서 에나멜질이 사라지면 상아질이 노출돼 이빨이 약해진다.

에나멜질과 달리 상아질은 성장하면서 계속 늘어나서 에나멜질이 마모된 자리에 들어선다. 즉 바비루사의 엄니 4개는 죽을 때까지 계속 자라므로 에나멜질보다 상아질이 더 많아져서 크기에 비해 무르고 부러지기 쉬운 것이다.

위턱의 엄니가 계속 아래로 자라면 언젠간 엄니가 땅에 닿아 걸

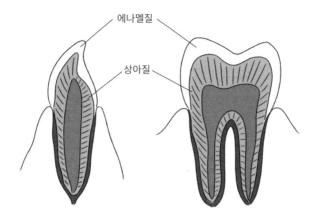

에나멜질

상아질

송곳니(왼쪽)와 큰어금니(오른쪽)의 구조

음을 방해하여 성장하는 데 한계가 있다. 그러나 위로 자라면 이론상
으로는 끝도 없이 길어질 수 있다.

　이렇듯 엄니가 자라는 방향을 바꾼다는 논리는 성공적이었지
만, 그 대가로 자신이 죽을 수도 있다는 위험이 생겼다. 크기에 비해
무른 구조적 결함은 과연 계산 밖이었을까? 어찌 되었든 목숨을 건
구애는 경탄스러울 정도다.

크고 아름다운 뿔과 구애의 대가

수컷 사슴을 덮친 비극

엄니처럼 몸의 일부를 장식품으로 활용하는 구애 전략이라면 뿔도 효과적이다. 뿔이 있는 포유류에는 사슴과 동물과 솟과 동물이 있다.

사실 이 둘은 고래와 공통 조상을 둔 경우제목 포유류로, 사슴과 동물은 지구상에 30종 이상이 존재한다. 일본에 분포해 있는 꽃사슴은 서식지에 따라 에조사슴, 혼슈사슴, 일본사슴, 마게사슴, 야쿠사슴, 쓰시마사슴, 게라마사슴의 7가지 아종으로 분류되며, 홋카이도부터 류큐열도에 이르는 전역에서 서식하고 있다.

기본적으로 수 마리부터 수십 마리가 무리 지어 생활하고, 번식기가 되면 다른 동물들처럼 싸움에서 승리한 수컷이 더 많은 암컷과 교미할 권리를 갖는다. 이때 사슴과 동물 수컷은 힘을 상징하는 뿔을 장식품처럼 자랑한다. 즉 성적 유혹으로 하렘을 형성하기 위해 뿔의 크기를 키우는 것이다.

예전에 조사차 네덜란드 박물관에 갔을 때, 어려 보이는 수컷 사슴 두 마리의 뿔이 뒤엉킨 뼈 표본이 관리소 천장에 달려 있었다. 박물관 직원의 말로는, 번식기에 싸우다가 뿔이 뒤엉켜 꼼짝달싹 못 하다 그대로 죽었을 것이라고 했다. 네덜란드의 겨울은 혹독해서 땅이

뿔이 뒤엉킨 사슴 표본

모두 눈에 뒤덮이는데, 봄이 와서 눈이 살짝 녹은 틈 사이로 뿔이 보였고 땅을 파보았더니 좀처럼 보기 힘든 형태의 뿔이 나와서 결국 전시하기로 했다고 한다. 나도 그런 표본은 처음 보았다.

사실 사슴과 동물의 뿔은 계절이 바뀌면 머리에서 저절로 떨어진다. 만약 온화한 지역이라면 뒤엉킨 뿔도, 그 덕분에 얽힌 몸도 자연스럽게 풀렸을 것이다. 하지만 마침 엄동설한의 땅이어서 뿔이 떨어지기 전에 자연 동결 보존되었다. 추운 초봄이라지만 형태가 훼손되기 전에 발견된 것은 기적에 가깝다.

그러나 당시에는 표본을 실물로 보았다는 감동보다 '이거, 표본으로 만드느라 꽤 고생했겠지?' 싶어서 솔직히 표본 제작에 신경이 더 쏠렸다. 이 정도면 직업병이다. 아니, 워커홀릭인가?

아무튼 사슴과 동물은 번식기에 뿔을 부딪치며 싸우며, 이 밖에도 뿔의 크기나 개수를 겨루어 싸우기 전에 승패를 가르기도 한다. 뿔의 가지는 나이가 들수록 더 많아지고 뿔의 크기도 커진다.

사슴과 소의 뿔은 다르다

사슴과 동물과 솟과 동물은 모두 뿔이 달렸지만 그 구조가 아예 다르다. 영어에서는 이 차이를 고려해 사슴과 동물의 뿔은 antler, 솟과 동물의 뿔은 horn이라고 한다. 일본에서는 '뿔'로 통용되지만, 전

문용어로 사슴과 동물의 뿔은 '지각', 솟과 동물의 뿔은 '동각'이라고
한다.

사슴과 동물의 지각은 두개골의 정수리가 성장한 뿔뿌리
pedicle(육경)에서 자란다. 뿔은 '벨벳'이라는 수많은 혈관이 있는 피부
에 뒤덮인 채로 산소와 영양소를 공급받아 급속도로 성장한다. 이때
의 뿔 상태를 '대각'이라고 한다. 지각이 다 자라면 벨벳은 탈각되고
골세포도 사멸해 성숙한 지각이 완성된다. 번식기가 끝나면 뿔자리

대각

벨벳

뼈

사슴과 동물의 뿔(지각) 구조

에서 뿔이 떨어져 나간다.

매년 반복되는 지각의 성장과 탈각에는 일조 시간과 성호르몬이 크게 관여한다. 뿔의 크기는 나이가 들수록 커지는 종이 많고, 완전히 다 자랄 때까지 해마다 뿔의 가지도 늘어난다.

사슴과 동물의 지각은 진화생물학에서 중요하게 여겨 고찰하는 대상이다. 대략적으로 설명하면, 진화는 한 생물 개체군의 성질이나 유전자가 세대를 거치면서 돌연변이를 일으켜 변화하는 현상이다. 변화를 촉진하는 요인에는 여러 가지가 있는데, 자연선택설(자연도태설)이 대표적이다. 냉혹한 자연환경에 적응한 개체의 자손은 자연선택에 의해 살아남은 결과라고 주장하는 학설이다.

이와는 다른 메커니즘 중 많이 논의되는 성선택(성도태) 이론은 이성을 둘러싼 경쟁으로 인한 진화를 일컫는다. 그러나 자연선택과 완전히 떼어내서 논하기는 불가능하므로 자연선택에 포함되는 경우가 많다. 사슴과 동물의 지각이 진화하는 주요 요인은 성선택이며, 수컷들의 경쟁과 암컷의 배우자 선택이 크게 관여한다.

사슴과 동물의 지각이 진화한 데는 또 다른 이유가 있다. 예를 들면 지각의 크기가 큰 개체는 외부의 적이 쉽게 공격하지 않는다는 연구 결과도 있다. 크리스마스에 산타클로스와 전 세계를 누비는 순록은 암수 모두 지각이 있다. 지각은 눈밭에 묻힌 식물을 발견해 먹을 때 유용하므로 암수 모두 진화됐다는 설도 있다.

북미와 유럽의 추운 지역에 서식하는 세상에서 가장 큰 사슴인 말코손바닥사슴은 접시형 안테나 모양의 지각을 이용해 암컷의 울음소리와 주변의 소리를 듣는다고 알려져 있다.

한편 솟과 동물의 뿔(동각)은 전두골(이마뼈)에서 자란 각심^{角芯}(뿔 돌기)을 케라틴 성분의 두겁이 완전히 덮고 있다는 특징이 있다. 각심의 뼈는 사슴과 동물의 지각과는 달리 다 자라도 골세포가 살아 있어서 새로운 두겁이 생기시 않고 뿔에서 가지도 나지 않는다.

동각^{洞角}(비어 있는 뿔)이라는 이름은 속이 비어 있다고 해서 붙었

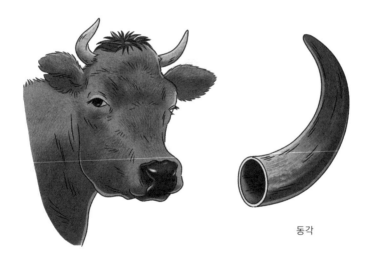

동각

솟과 동물의 뿔(동각)의 구조

다. 암수 모두 동각이 있어 구애를 위한 장식품으로 보기는 어렵지만, 수컷의 동각이 암컷보다 큰 경향이 있다. 솟과 동물의 동각은 태어난 직후부터 평생 자란다.

뿔이 있는 동물을 볼 기회가 있다면, 뿔에 가지가 있는지, 뿔이 곧게 뻗어 있는지 관찰하고 사슴과 동물인지 솟과 동물인지 맞혀보길 바란다.

내가 있는 일본국립과학박물관 수장고에도 사슴과 동물과 솟과 동물의 박제를 많이 보관하고 있다. 얼핏 봐서는 사슴과인지 솟과인지 알 수 없는 박제도 많은데, 그럴 때는 뿔을 비교해보면 금방 구분할 수 있다.

고라니의 엄니, 가지뿔영양의 뿔

사슴과 동물 중 숲에 사는 사슴류는 머리에 커다란 뿔이 있으면 생활하거나 수컷과 싸울 때 나뭇가지에 걸려 불리하다. 또 숲에서는 주변의 시야가 확보되지 않아서 아무리 뿔이 커진들 암컷을 유혹하지 못하니 애물단지가 된다.

그래서 진화 과정에서 뿔 대신 엄니를 선택한 사슴과 동물이 있다. 작은사슴, 아기사슴, 고라니 수컷은 위턱 송곳니를 엄니로 발달시켜 구애 전략과 세력권 쟁탈전에 이용한다.

고라니의 엄니(왼쪽)와 가지뿔영양의 뿔(오른쪽)

한편 북미 등에 서식하는 가지뿔영양이라는 종은 우제목 가지뿔영양과 가지뿔영양속으로 분류되는 동물 중 유일하게 현존한다. 가지뿔영양 수컷도 근사한 뿔이 있다. 암컷은 뿔이 아예 없거나, 있어도 크기가 작다. 수컷의 뿔에서는 사슴과 동물처럼 가지도 나고 1년에 한 번씩 뿔갈이도 하지만, 골질骨質은 아니다. 솟과 동물과 마찬가지로 두개골이 성장한 골심骨芯이 있고, 이 골심은 각질 껍질에 덮여 있어서 각질 부분만 떨어지고 다시 생긴다. 가지뿔영양의 영문명인 pronghorn은 '지각'이라는 뜻이다.

기린의 뿔, 코뿔소의 뿔

뿔이 있는 동물은 이 밖에도 많다. 그림책에 등장하는 기린의 머리에는 귀여운 뿔 2개가 솟아 있는데, 암수의 두정골(마루뼈)에 있는 한 쌍의 뿔을 오시콘ossicone이라고 한다. 오시콘은 두개골에서 성장한 골심으로 털에 덮여 있고 다시 자라지 않는다. 사슴과의 지각이나 솟과의 동각과 구조가 달라서 다른 이름이 붙었다.

수컷 기린이 성장하면 전두골 중앙에 오시콘이 또 하나 생긴다.

기린(왼쪽)과 코뿔소(오른쪽)의 뿔

후두골이나 눈 위쪽에 생길 때도 있다. 오시콘이 자라면 머리는 망치처럼 무겁고 단단해진다. 번식기가 되면 수컷들은 목을 휘둘러 무거운 머리를 이용해 경쟁자의 목이나 몸통을 가격한다. 네킹necking이라고 부르는 싸움은 상황에 따라 치명타를 입힐 정도로 충격이 크다. 네킹은 기린의 온순한 생김새로는 상상하기 힘들 만큼 격렬하다.

코뿔소는 기제목(홀수 발굽을 가진 동물)으로 분류되며, 4개의 다리와 다리마다 3개의 발굽이 있는 포유류다. 일반적으로 코뿔소의 뿔은 코 위에 있지만, 이마 언저리에 하나 더 생기는 경우도 있다. 코뿔소의 뿔은 케라틴 성분이어서 겉보기만큼 단단하지 않다. 뿔의 뿌리 부분은 두개골과 밀착돼 일체화되었다. 뿔을 잃어도 코뿔소의 뿔은 다시 자란다.

암컷에게도 뿔이 있지만 수컷의 뿔이 더 큰 경향이 있어서 구애 전략에 쓰이는 것으로 보인다.

코가 클수록 인기 있는 코주부원숭이

코주부원숭이의 코와 고환 크기의 관계

긴꼬리원숭이과 친척인 코주부원숭이는 이름에서도 알 수 있듯이 코가 길다. 코주부원숭이속 코주부원숭이로 분류된다. 라틴어 학명은 *Nasalis*(코)속 *larvatus*(가면을 쓴), 즉 '코에 가면을 쓴 것 같은 얼굴'이라고 명명될 만큼 그 기묘한 생김새가 인상 깊다. 암컷도 코가 꽤 긴 편인데, 수컷의 코는 이보다 2배 이상 길다.

긴 코의 대표주자인 코끼리와 코주부원숭이의 코는 구조적으로 다르다. 코끼리는 코끝에 콧구멍이 있는 데 반해, 코주부원숭이는 다른 원숭이와 콧구멍 위치는 같지만 콧마루(콧등) 피부만 쭉 늘어나 있어 혹부리 영감의 혹처럼 코가 덜렁거린다.

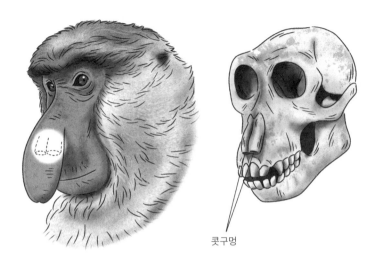

콧구멍

코주부원숭이의 코 구조

　인간 세상의 미남과는 거리가 먼 모습이지만, 교토대학의 연구에 따르면 수컷 코주부원숭이의 코의 크기, 체중, 고환 크기 사이에는 양의 상관관계positive correlation(한 변수가 증가하면 다른 변수도 증가하는 관계—옮긴이)가 있다고 한다. 즉 코가 큰 수컷일수록 고환도 크고 번식 능력도 뛰어나다.

　그래서인지 암컷도 코가 큰 수컷을 선택한다. 코주부원숭이는 일부다처제의 작은 무리(하렘)에서 생활하지만, 코가 큰 수컷이 통솔하는 무리일수록 암컷의 개체수가 많은 것이 확인되었다. 긴 코를 이용한 저음의 목소리도 암컷을 매혹하는 중요한 요소라고 한다. 코의 크기와 저음의 목소리는 수컷이 서로 위협하는 신호 역할도 하여 불필요한 싸움을 피하는 데 도움이 된다.

현재 멸종위기종으로 지정된 코주부원숭이는 동남아시아의 일부 지역에서만 서식한다. 보르네오섬에서 열린 국제학회에 참여했을 때 나는 이 희귀한 코주부원숭이를 만날 수 있었다.

당시에 주요 목적은 이곳 해안지역에 사는 또 다른 멸종위기종인 강거두고래의 생태를 관찰하는 것이라, 가이드와 함께 관광선에 올라타 무작정 바다로 나갔다. 강거두고래는 상괭이(몸길이 150센티미터의 작은 고래)보다 조금 큰 체구에 등지느러미를 달아놓은 것 같은 생김새를 지녔다. 그 이름처럼 강가, 해안지역, 기수역(해수와 담수가 섞이는 구역—옮긴이)에 서식하는 이빨고래의 친척이다. 이날은 아쉽게도 강거두고래를 만날 수 없었지만, 연안의 맹그로브 숲도 보고 그곳에 사는 야생 코주부원숭이도 만났다.

가이드의 설명에 따르면, 코주부원숭이는 연안 근처의 습지대를 좋아해서 하루 중 대부분의 시간을 그곳 나무 위에서 보낸다고 한다. 육지에 있는 인간들이 영역에 침범하려는 낌새가 보이면 공격하거나 도망치지만, 바다에서는 일정한 거리를 두고 관찰하기 때문인지 인간을 보아도 경계하지 않아 편안한 모습을 볼 수 있다.

실제로 나무 위에서 여유롭게 털을 골라주는 부모와 새끼, 나무와 나무 사이를 오가는 어린 코주부원숭이를 맨눈으로도 볼 수 있었다. 그중 근사한 코를 보아하니 우두머리로 짐작되는 수컷이 시종일관 긴장이 역력한 얼굴로 주변을 살폈다. 다른 무리의 수컷들이 언제 들이닥칠지 몰라 경계하는 것처럼 보였다.

그런데 값진 경험에 감격할 겨를도 없이 갑자기 들이닥친 재난에 코주부원숭이에 대한 기억과 강거두고래에 대한 아쉬운 마음은 별안간 사라졌다.

실은 처음 관광선을 보았을 때부터 불안감이 스멀스멀 올라왔다. 일의 특성상 미개척지를 조사한 경험도 많고 그때마다 좋은 관광선만 탄 것도 아니었지만, 이때 탄 배는 너무도 허접하기 짝이 없었다. 카누처럼 길고 폭이 좁은 선체에 뱃사공을 선두로 관광객 5~6명이 일렬로 타는 간소한 구조여서, 누구 하나 일어서거나 파도라도 치면 그대로 뒤집힐 것 같았다. 심지어 군데군데 페인트칠도 벗겨져서 더 조마조마했다. 그 와중에 가이드는 한술 더 떠서 강에 악어가 산다고 대수롭지 않게 말했다.

그래도 일본 인근에서는 살지 않는 야생 강거두고래를 만날 수 있다는 일념으로 불안한 마음을 억누르며 3시간에 걸친 여정을 감행했다. 그런데 뱃사공은 강거두고래가 있는 곳으로 갈 생각이 애초에 없었는지, 가기 쉬운 코주부원숭이가 있는 곳으로 직행했다.

처음에 느낀 불안은 결국 현실이 되었지만 야생 코주부원숭이를 만났으니 그냥 넘기려는데, 순간 심상치 않은 구름을 본 가이드가 "리턴! 리턴!"이라며 다급하게 소리쳤다. 뭐지 싶어 당황하는 사이, 하늘에 구멍이라도 난 것처럼 스콜이 쏟아져 내렸다. 그제야 배에는 비바람을 막아줄 지붕이며 벽이며 우비도 없다는 것을 깨달았다.

당장 뒤집혀도 이상하지 않을 배에서 몸이 쫄딱 젖을 걱정보다는 노트북과 디지털카메라만큼은 무슨 일이 있어도 지켜야 한다는 마음에 옷으로 둘둘 말았다. 마치 아이를 지키는 어머니 같은 심정이었다.

배에는 점점 물이 차올랐다. 옷도 쫄딱 젖어 속살까지 비치는 우리를 나무 위에서 태평하게 바라보는 코주부원숭이 어미와 새끼의 모습이 희미하게 시야에서 멀어지면서 전속력으로 내달린 배는 무사히 항구에 도착했다.

코주부원숭이에게는 스콜은 일상다반사라 단비였을 수도 있다. 동시에 배 위에서 허둥지둥하는 인간들의 우스꽝스러운 쇼를 감상하는 즐거운 시간이었는지도 모른다.

맨드릴개코원숭이는
화려한 얼굴로 유혹한다

맨드릴개코원숭이 세계의 '잘생긴 얼굴'

코주부원숭이가 속한 긴꼬리원숭이과 친척 중에 인상이 강렬한 원숭이가 또 있다. 바로 아프리카 열대지역의 정글에 서식하는 맨드릴개코원숭이다.

디즈니 만화영화 〈라이온킹〉에 등장하는 주술사 라피키의 모델로, 성숙한 수컷의 얼굴이 무척이나 화려하다. 얼굴 한가운데에 일직선으로 뻗은 긴 콧등은 선명한 붉은색을 띠고, 양쪽으로는 푸른색 줄무늬가 새겨진 뺨이 부풀어 올라 노란 털까지 나 있다. 마치 화가가 공들여 색을 조합해놓은 것처럼 강렬하다.

암컷의 뺨에도 연한 하늘색 줄무늬가 있지만 수컷만큼 화려하지는 않고 오히려 밋밋하다. 몸집도 수컷의 절반밖에 되지 않는다. 어린 수컷의 얼굴은 암컷처럼 밋밋하지만, 성적으로 성숙해지면 다채로운 색깔이 발현돼 맨드릴개코원숭이 세계의 '잘생긴 얼굴'로 변한다.

실제로 힘이 센 수컷일수록 얼굴 색깔이 선명하다는 연구 보고가 있으며, 무리에서 지위도 높아져 엄청난 인기를 끈다. 맨드릴개코원숭이는 다른 동물처럼 화려한 색깔을 내세워 힘을 과시하고, 불필

맨드릴개코원숭이 암컷(왼쪽)과 수컷(오른쪽)

요한 싸움을 피하며, 유혹에도 활용한다. 무리 지어 이동하고 생활하는 맨드릴개코원숭이의 휘황찬란한 얼굴은 어두운 정글에서 동료를 놓치지 않게 하는 표식이 된다.

포유류 중 인간 등 대형 유인원은 3원색(빨강, 초록, 파랑)을, 개를 비롯한 대부분의 포유류는 2원색(빨강, 파랑)을 식별한다. 새와 곤충은 4원색(빨강, 초록, 파랑, 자외선)까지 구분할 수 있다. 따라서 포유류는 색을 식별하는 능력이 비교적 떨어지는 셈이다.

그 이유는 공룡이 지상을 활보하고 포유류가 먹이사슬 최하위에 위치하던 시대(지금으로부터 2억 5,000만 년 전의 중생대)로부터 유래한다. 힘없는 생물이 살아남으려면 이 책의 주제와는 정반대로 무조건 눈에 띄지 않아야 한다. 천적에게 들키지 않도록 보호색으로 위장하고 낮에는 구멍이나 덤불에 몸을 숨겼다가 해가 떨어지면 어둠을 틈타 먹이를 구하는 생활을 1억 년 넘게 이어온 결과, 포유류는 어둠 속에서 활동할 때 필수적인 후각과 청각은 발달했지만 색을 식별하는 능력은 약해졌다.

지금도 포유류는 대개 빨강과 파랑만 식별할 수 있다. 눈으로 인식할 수 있는 색은 극히 일부다. 공룡이 멸종한 후, 급격한 진화를 거쳐 눈으로 식별할 수 있는 색소를 3가지로 늘린 포유류가 바로 인류를 포함한 대형 유인원이다. 그리고 이 능력을 구애 전략에 완벽하게 활용한 동물이 수컷 맨드릴개코원숭이다.

인간 사회에서도 축제나 기념일에 안료를 얼굴에 칠해 색다르게 꾸미곤 하는데, 액막이와 과시가 목적인 경우가 많다. 그렇다면 수컷 맨드릴개코원숭이의 얼굴에 나타나는 자연적인 색깔은 어떤 원리일까?

이 원리를 이해하려면 먼저 정상적인 피부 구조부터 이해해야 한다. 인간의 피부와 비교해서 살펴보자.

색깔이 선명하게 보이는 원리

인간의 피부는 크게 표피, 진피, 피하조직의 3개 층으로 이루어져 있다. 피부의 본체인 진피는 콜라겐(섬유 상태의 단백질)이 70퍼센트를 차지하며 나머지는 엘라스틴(탄성섬유), 히알루론산으로 되어 있다. 이 성분은 피부에 탄력을 주는 원동력이다.

진피 위에 있는 표피는 5개의 층(서울아산병원 '알기쉬운 의학용어'에 따르면 맨 위부터 각질층, 투명층, 과립층, 유극층, 기저층─감수자)으로 나뉘며, 진피와 접하면서 표피의 가장 아래층에 있는 기저층에서 생성된 세포가 맨 위의 각질층까지 올라오면 각질이 벗겨지는 구조다. 이른바 턴오버다.

내 전공이 마침 병리학이라, 학생 때부터 개, 고양이를 비롯한 여러 동물의 피부를 현미경으로 관찰했다. 피부를 이해하는 과정에서 기저층은 매우 중요하다. 연구실에서 현미경으로 절편(현미경으로 관찰하기 쉽게 얇게 자른 생체 조직—옮긴이)을 관찰하다 보면 선배가 옆에서 "기저층부터 확인해. 기저층을 모르면 피부 구조를 안다고 할 수 없어"라고 항상 말했다.

기저층은 표피의 맨 아래에 있어서 기저층이 없으면 표피도 생성되지 않는다. 게다가 기저층은 진피의 경계 부위이기 때문에 기저층을 이해하면 표피와 진피의 범위도 구분할 수 있다.

특히 병리학에서 관찰하는 조직의 절편 중에는 피부암이나 피부 염증이 있는 검체가 많아서 피부의 정상적인 구조를 정확하게 이해해두지 않으면 암과 염증의 원인도 특정하지 못한다. 그래서 나는 기저층이 좋아졌다. 또 현미경으로 기저층을 찾아낼 때 뿌듯해진다. 이것도 일종의 직업병이지 않을까?

햇볕에 그을리면 왜 인간의 피부색은 바뀔까? 태양의 자외선에 노출되면 표피의 기저층에 약 8퍼센트 분포하는 색소 세포인 멜라노사이트가 활성화되면서 검은색 색소인 멜라닌이 점점 표피로 올라오기 때문이다.

멜라닌 색소가 많이 생성돼 피부색이 적갈색이 되면 자외선에 의한 피부 손상이 완화된다. 보통 표피에서 합성되는 멜라닌은 표피가 교체되면서 떨어져 나간다. 여름에 피부가 탔어도 햇볕이 약한 겨울이 되면 원래의 피부색으로 돌아오는 것도 이런 이유에서다.

피부색은 유전적 요소와도 관련이 있다. 아프리카에서 탄생한 최초의 인류는 피부색이 흑갈색이었는데, 이후 아프리카를 떠나 다양한 환경에서 생활하면서 햇볕의 세기에 따라 멜라닌 색소의 생성 주기가 변했고, 백인종과 황인종처럼 지리적 차이가 생겨났다.

맨드릴개코원숭이의 코가 빨간 이유는 코 피부 아래로 흐르는 혈액의 색깔이 비치기 때문이다. 인간도 격한 운동을 하거나 술을 마시면 피부가 빨개진다. 진피에 분포한 모세혈관의 혈류량이 증가해 혈액 속의 헤모글로빈 색소가 비치기 때문이다. 맨드릴개코원숭이의 코 역시 진피의 모세혈관이 발달해서 빨갛게 보이는 것이다.

그러나 푸른색 뺨은 혈액 때문이 아니다. 이 색깔은 색소가 관여하지 않는 구조색structural coloration이다. 구조색이란 물체에 고유의 색소가 없어도 물체의 미세한 구조에 빛이 간섭하고 분광해 발색하는 것을 말한다. 이를테면 CD 뒷면은 원래 무색인데 각도에 따라 빛이 닿으면 무지개색으로 보인다. 여기에도 구조색의 원리가 숨어 있는 것이다. 수컷 맨드릴개코원숭이의 뺨도 원래는 색깔이 없지만 미세한 피부조직에 빛의 파장이 간섭(여러 파장이 겹쳐 새로운 파형이 형성되는 것)하면서 선명한 푸른색이 나타난다.

보통 구조색은 CD 뒷면처럼 규칙적인 미세 구조에 빛이 간섭해 독특하고 새로운 색을 만들어낸다. 이에 비해 맨드릴개코원숭이의 뺨은 진피의 콜라겐 미소섬유 다발의 지름이나 배열이 불규칙해서 빛이 산란해 푸른색이 되었다고 추측되었다. 그러나 최근 미국의 리처드 프럼 교수의 연구팀에 따르면 불규칙해 보이는 콜라겐 미소섬유의 지름은 꽤 질서정연하고 섬유 간의 간격도 대체로 일정하다고 판명되었으며, 여기에 빛이 간섭할 때 선명한 푸른색이 나타난다고 밝혀졌다.

참고로 이 밖에 비단벌레, 풍뎅이, 모르포나비속, 조개껍데기 등에서 구조색을 관찰할 수 있다. 비단벌레나 풍뎅이의 몸 색깔에 나타나는 현상을 훈색iridescence이라고 하는데, 일본에서는 다마무시이로玉虫色(옥충색)라고 부른다.

맨드릴개코원숭이의 붉은색(콧등)과 푸른색(뺨)이 얼굴 색으로 선택된 이유는 대부분의 포유류가 식별할 수 있는 색깔이기 때문이다. 즉 수컷 맨드릴개코원숭이는 체내를 순환하는 혈액의 색소에서는 선명한 붉은색을, 피부 조직의 구조색에서는 눈이 휘둥그레질 만한 푸른색을 얻는 데 성공했다. 그 결과, 암컷뿐 아니라 그 누구든 식별할 수 있는 붉은색과 푸른색으로 자신을 과시하는 유일무이한 스타일을 확립했다.

수컷 맨드릴개코원숭이의 색깔 전략은 붉고 푸르게 칠해진 엉덩이에서도 확인할 수 있다. 이 또한 암컷을 향한 유혹이다. 아프리카에 서식하는 그리벳원숭이의 음낭과 중국에 서식하는 황금들창코원숭이의 눈, 코, 입 주변도 푸른색을 띤다.

'핸디캡'인데 인기를 얻다

화려한 몸치장으로 암컷을 유혹하는 수컷은 포유류보다 조류에 압도적으로 많다. 조류의 색깔을 식별하는 능력이 포유류보다 뛰어나기 때문이다.

앞서 설명했듯 대부분의 포유류는 파랑과 빨강의 2원색을 인식할 수 있다. 빛의 자극을 맨 처음 받아들이는 망막은 안구 뒤쪽에 있는 시각세포로 이루어진 막이다. 망막에는 파장별 감도를 지닌 여러 종류의 광수용세포가 있고, 감도의 차이를 고차원에 있는 뇌 중추로 전달해 색깔을 인식한다. 척추동물의 망막은 여러 층으로 되어 있는데, 광수용 세포는 빛 자극이 들어오는 방향에서 보면 망막에서 가장 먼 층에 있다. 여기에는 한 종류의 간상세포와 세 종류의 원추세포라는 광수용 세포가 있다.

인간의 가시광선 파장 영역은 네 종류의 광수용 세포가 감지할 수 있는 파장 영역과 일치한다. 간상세포는 빛에 대한 감도가 높고 어두운 곳에서 반응한다. 고양잇과 동물을 포함한 야행성 동물이 어둠 속에서도 잘 돌아다니는 것은 간상세포 덕분이다.

한편 세 종류의 원추세포는 주로 밝은 곳에서 반응하고 색깔 정보를 뇌에 전달한다. 각각 420나노미터(파랑), 534나노미터(초록), 564나노미터(빨강)의 파장에 민감하게 반응하며, 이에 따라 빛의 3원색도 파랑, 초록, 빨강으로 정의된다.

빛의 3원색은 이름 그대로 빛의 색조를 뜻하는데, 주변이 온통 깜깜한 상태에서 빛의 조화를 일컫는다. 하나의 원추세포는 약 100가지의 색광을 식별할 수 있으며, 세 종류의 원추세포를 조합하면 인간은 총 100만 가지의 색깔을 식별할 수 있다.

한편 컬러 프린터에 쓰이는 시안cyan(청록), 마젠타magenta(자홍), 옐로 yellow(노랑)는 색의 3원색이다. 흰 바탕의 캔버스에 백색광을 비췄을 때 색료의 정보를 가리킨다.

이렇듯 망막의 원추세포가 감지한 수많은 정보가 뇌에 전달되어 처리되면 비로소 색을 인식(색각)할 수 있다. 이에 비해 조류와 파충류는 원추세포가 네 개나 있다. 그래서 파랑, 빨강, 초록에 무색(자외선)까지 포함한 네 가지 색을 식별할 수 있다. 인간보다 훨씬 더 풍부한 색채를 인식할 수 있어서인지 색을 식별하는 고도의 감각을 구애 전략으로 활용한다. 수컷 공작새의 장식깃이 그중 으뜸으로 꼽힌다.

꿩과에 속하는 공작은 아시아 분포 종과 아프리카 분포 종이 있다. 일본에서는 아시아에서 유래한 인도공작을 들여와 동물원 등에서 사육하며 일부는 야생에 살고 있다. 여기에서는 가장 아름답고 현란한 인도공작(이하 공작)을 중심으로 설명할 것이다.

공작은 일부다처제로, 수컷의 몸집이 암컷보다 크다. 번식기(북반구의 봄부터 여름)가 되면 등에 있는 길고 우아한 깃털을 펼쳐 암컷을 유혹하고, 번식기가 끝나면 깃털이 빠진다.

부채꼴로 펼친 깃털을 자칫 꽁지깃으로 착각하기 쉬운데, 꽁지깃은 번식기일 때도 갈색이다. 휘황찬란한 깃털은 꽁지깃 위쪽의 등에 있는 위꼬리덮깃(위꽁지덮깃)이다.

공작의 선명한 장식깃 빛깔은 구조색(97쪽 '색깔이 선명하게 보이는 원리' 참조)이다. 새의 깃털은 보통 참깃feather과 솜털down로 나뉜다. 참깃은 비행을 하거나 몸을 보호하는 역할이고, 솜털에는 보온 효과가 있다. 여기서 설명하는 공작의 선명한 위꼬리덮깃은 참깃에서 진화한 깃털이다.

참깃의 깃뿌리는 깃털의 중심을 잡는 깃대(깃털 축)와 깃대에서 갈라진 깃가지 그리고 깃가지에 잔털처럼 붙어 있는 작은 깃가지로 이루어져 있다. 참고로 깃털이라는 용어는 기능을 설명하는 것이다. 예컨대 비행할 때는 날개라고 하고, 몸에서 떨어진 낱개의 깃털은 깃뿌리라고 표현하는 경우가 많다.

깃가지들이 이어진 평편한 형태가 깃판(날개판)이며, 참깃에 있다. 넓은 하늘을 비행하는 데 중요한 칼깃의 뿌리는 참깃의 대표적인 깃뿌리다.

공작의 깃털 내부는 과립 형태의 멜라닌(사람의 머리카락 성분 중 하나인 검은색 물질)이 규칙적으로 배열된 나노 구조다. 이 배열에 빛이 닿으면 구조색이 발현하는 동시에 검은색 멜라닌이 남은 산란광을 흡수해 색깔이 더욱 선명해진다.

번식기에만 자라는 수컷 공작의 장식깃은 약 150개의 긴 위꼬리덮깃으로, 평소에는 뒤쪽으로 고이 접어둔다. 위꼬리덮깃이 약 1.5미터까지 자라면 암컷을 향해 150개의 깃털을 일제히 부채꼴로 펼쳐 그 아름다움으로 마음을 사로잡는다.

장식깃이 펼쳐지면 푸른빛의 눈알 무늬가 보이는데, 개수가 많을수록 호감도가 올라간다. 진화와 퇴화를 수없이 반복한 눈알 무늬는 지금도 무늬와 개수가 다양하게 변화한다고 한다. 그 이유는 암컷의 취향이 시대에 따라 바뀌면서 암컷의 취향에 부합한 수컷만 살아남았기 때문이다. 실제로도 암컷이 유독 눈알 무늬를 좋아한다는 사실이 증명되었다. 성과 관련된 공작의 진화는 성선택 이론의 좋은 예시다.

수컷 공작의 장식깃은 생존의 측면에서는 아무 쓸모가 없다. 장식깃을 펼치려면 막대한 에너지가 들고 적에게 노출될 위험도 높아지는데, 장식깃이 길어서 빨리 도망갈 수도 없다. 그런데도 수컷은 암컷의 취향을 충족하고 자손을 남기기 위해 거대한 장식깃과 눈알 무늬를 계속 유지해왔다. 이유는 단 하나, 암컷의 마음을 얻기 위해서다.

✦

사실 암컷 선택 이론은 19세기에 찰스 다윈이 주장했지만 학회와 사회에서는 인정하지 않았다. 당시 암수의 능력에 대한 편견도 심했지만, 근거가 부족하다는 이유가 가장 컸다. 100년이 흘러 1990년대에 이르러 비로소 증명되었지만 이후에도 논의는 계속되었다.

그런 가운데 성에 관한 진화를 설명하는 폭주 선택runaway selection 이론이 등장한다. 영국의 통계학자이자 진화생물학자, 유전자학자인 로널드 피셔가 주장한 이론이다. 이는 수컷 또는 암컷이 가진 어떤 형질(몸의 특징이나 형태)에 대해 이성이 어느 정도 이상 선호하면 집단에 확산되어 그 형질을 가진 이성만 배우자로 선택받는다는 주장이다. 이 경우에 이성이 선호하는 형질은 생물학적 의미 또는 생존 경쟁의 유용성과도 관련이 없어서, 이들이 얻은 형질은 장식적 요소가 강하고 실용성이 떨어지는 경우가 많다. 생존 경쟁이라는 관점에서 보면 반드시 우수한 이성을 선택하는 것은 아니라는 이야기다.

폭주에는 '어디까지든 계속해서'라는 의미가 있다. 상대의 취향에 맞춰 계속해서 바꿔나가겠다는 말이다. 여전히 폭주 선택 이론은 논의의 여지가 있지만, 수컷 공작의 장식깃은 좋은 사례로 꼽힌다.

한편 수컷 공작의 구애와 관련해 새로운 주장이 등장했다. 오랜 기간 공작의 생태를 연구한 하세가와 마리코 박사의 팀이 2010~2013년에 걸쳐 약 100마리의 사육 개체(주로 진공작과 인도공작)를 조사한 결과, 울음소리가 위꼬리덮깃보다 장식적인 면에서 종의 차이가 더 두드러졌다. 즉 깃

104

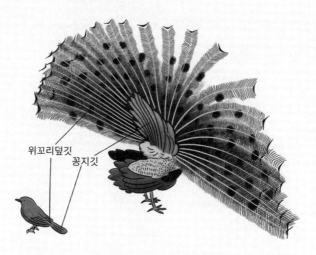

위꼬리덮깃
꽁지깃

공작의 위꼬리덮깃과 꽁지깃

뿌리를 과시하던 기존의 작전은 한물가고, 이제는 울음소리로 유혹하는 작전으로 변경되었다는 것이다. 이 현상은 인도공작에서 더 분명하게 나타났는데, 인도공작이 진공작보다 최신 트렌드를 잘 파악한 것일 수도 있다. 즉 암컷의 취향이 인도공작 쪽으로 변화하기 시작한 셈이다.

번식기에 수컷 공작이 내는 울음소리는 톤이 높고 날카로우며 멀리까지 울려 퍼진다. 소리를 내는 빈도가 높을수록 테스토스테론 등과 같은 남성 호르몬의 농도가 진하다는 연구 결과도 있다.

장식깃은 오랜 세월 자랑스럽게 뽐내던 것이지만, 펼칠 때마다 소모되는 에너지도 크고 이동할 때도 고생스럽다. 그러니 멀리서도 잘 들리는 울음소리를 연습하면 수컷도 편할 것이다.

인간도 노래를 잘 부르고 목소리가 저음이면 남성으로서의 매력이 높아지는 경향이 있다. 이러한 변화가 과학적으로 암컷 선택에 의한 것인지,

수컷에 의해 시작되는지 중요하게 논의돼야 하겠지만, 인간의 여성으로서 암컷의 선택에 한 표를 던지고 싶다.

3장

전광석화같은 염소의 교미

수컷의 번식 전략

얼마 없는 기회를 잡아라

교미의 주도권과 선택권은 압도적으로 암컷의 몫이라 많은 수컷이 암컷의 마음을 끌기 위해 지치지 않고 구애를 펼치는 모습을 앞에서 소개했다. 한편 암컷도 생존력이 강한 유전자를 새끼에게 물려줄 만한 최적의 수컷을 선택하기 위해 필사적이다.

수컷의 노력이 암컷의 기대와 일치하여 교미할 기회가 주어져도 시련은 계속된다. 수컷은 암컷이 교미를 허락하는 신호와 동시에 생식기를 준비시켜 교미 행동을 해야 한다. 야생 환경에서 교미할 수 있는 기회는 매우 제한적이지만, 그래도 수컷은 번식에 성공해야 한다. 엄청난 압박감이 내리누른다.

설상가상 천적이 언제, 어디서 습격할지 알 수 없고, 경쟁자들은 기회를 빼앗을 계획을 꾸미고 있을지도 모른다. 혹은 암컷이 변덕을 부릴 수도 있다. 결국 수컷은 고민을 거듭한 끝에 교미 방법과 생식기의 형태 및 구조를 진화시켰다.

어류나 일부 무척추동물은 암컷이 알을 낳으면 수컷이 그 위에 정자를 뿌려 수정시킨다. 반면 포유류는 수컷이 암컷의 체내에 생식기(정자)를 넣어야 수정된다. 그래서 수컷은 자신의 생식기와 몸의 연계성이 중요하다.

해부학적으로 보면, 인간을 포함한 포유류는 외부 생식기인 음경의 뿌리가 골반에 붙어 있다. 그래서 몸이 움직이면 생식기도 따라 움직인다. 게다가 음경은 골반 주변의 근육과 연동해 아주 빠르게 사정을 준비할 수 있다.

이 정도면 심기일전이 아니라 완벽한 '심기일체', 연계 플레이다.

음경이 가장 큰 포유류
북방긴수염고래

무지막지하게 큰 음경과 정소는 무엇을 위한 것일까

이제 음경의 크기에 관해 이야기해보자. 여기서는 수염고래류 (30쪽 '노래를 불러 뒤돌아보게 한다' 참조)의 일종인 수컷 긴수염고랫과 고래목을 살펴보겠다.

긴수염고랫과에는 북극고래, 북대서양긴수염고래, 북방긴수염고래, 남방긴수염고래의 4종이 있고 이 중 북방긴수염고래는 일본 주변에 서식하고 있다. 북방긴수염고래는 머리에 혹 같은 돌기가 있는 독특한 외모를 지녔고, 내가 무척 좋아하는 고래목 중 하나다.

긴수염고랫과 고래목의 몸길이는 약 15~20미터에 음경 길이는 약 3~4미터다. 놀랍게도 음경이 몸길이의 5분의 1에서 4분의 1에 버금가는 길이를 자랑한다. 참고로 지구에서 가장 큰 동물로 알려진 대왕고래의 몸길이는 26~30미터이고 음경 길이는 약 3미터다. 즉 긴수염고랫과의 몸길이 대비 음경 비율이 대왕고래의 2배다. 그리고 긴수염고랫과의 커다란 정소의 무게는 양쪽을 합치면 약 1톤이다.

긴수염고랫과 고래목의 음경과 정소는 왜 이렇게 클까? 그 이유는 교미할 때 질 안에 대량의 정액을 부어서 앞서 교미한 수컷의 정자를 없애기 위해서다.

왜 긴수염고랫과 고래목만 이런 전략을 선택했는지 직접 물어보지 않는 한 알 수 없다. 하지만 이들은 원래부터 요령 있는 고래라서, 먹이를 먹을 때도 그 독특한 머리를 이용해 헤엄칠 때 입을 살짝 벌려 아주 편하게 먹이를 섭취한다.

번식 전략도 '질보다 양' 작전 대신에 자신의 정액으로 다른 정자를 없애버리는 단순하고도 간단한 전략을 세웠다. 워낙 이 고래를 좋아하다 보니 이런 원시적인 방법조차 내게는 매력적으로 느껴진다.

어쨌든 그 거대한 음경은 평소 어디에 있을까? 이 질문에 대한 대답을 이해하려면 먼저 음경의 구조부터 천천히 살펴봐야 한다.

포유류의 음경으로는 탄성섬유형과 근해면체형의 두 종류가 있다. 요컨대 섬유질 비율이 높은지, 아니면 근육과 혈관 비율이 높은지로 구분하는 것이다. 긴수염고랫과 고래목을 포함한 고래목의 음경은 탄성섬유형이다.

　탄성섬유형 음경은 해면체(모세혈관의 집합체로 음경의 주체를 구성하는 발기 조직)의 발달이 미숙해서 혈액이 해면체로 유입돼 팽창하는 발기(음경이 생리적으로 확대되고 경직되는 현상)에 유리하지 않다.

　그 대신 해면체를 감싸고 있는 백막(결합 조직층)에는 탄성섬유가 풍부하다. 이 두툼한 백막 덕분에 발기하지 않아도 어느 정도 크기와 형태가 유지되며, 포피(음경을 넣어두는 주머니 모양의 피부) 안에 음경을 S자 모양으로 구부려 외부 생식공(음경을 감싸는 주머니 모양의 부분)에 넣어둔다. 그래서 음경이 커진 상태여도 겉으로는 눈에 띄지 않는다.

　특히 수중 생활에 적응한 해양 포유류는 몸 밖으로 무언가 튀어나와 있으면 헤엄칠 때 방해가 된다. 생식기가 다치거나 공격의 대상이 될 수도 있다. 그래서 꽁꽁 감추지 않아도 외부에서는 음경을 확인할 수 없다. 하지만 암컷의 발정에 반응해 성적으로 흥분하면 음경을 끌어당기고 있는 음경후인근이라는 근육이 빠르게 이완돼 순식간에 튀어나온다. 대다수의 고래목과 우제목의 음경도 이런 유형에 해당한다.

　고래목 중 몸길이에 비해 상대적으로 음경이 큰 고래는 꼬마향고래속 꼬마향고래와 쇠향고래(2022 국가생물종목록—감수자)일 것이다. 꼬마향고래속은 이름에서도 알 수 있듯이, 향유고래와 생김새는

정소

음경

북방긴수염고래와 음경과 정소

닮았지만 크기는 조금 작다.

두 종 모두 일본 주변에 서식하는데 쇠향고래가 좀 더 남방계에 속한다. 이 둘은 상당히 비슷하게 생겼기 때문에 종을 구분하기가 쉽지 않다.

꼬마향고래속은 고래 중에서도 스트랜딩stranding(고래들이 해안가로 올라와 죽는 현상—옮긴이)(230쪽 '모유는 맞춤 생산' 참조) 사고가 비교적 자주 일어나고, 상어에게 당해 육지에 밀려오는 사례도 많다. 왜 꼬마향고래속만 상어의 공격을 많이 받을까? 정확한 이유는 밝혀지지 않았지만 상어와 닮아서인 것 같다.

사실 꼬마향고래속은 연구자를 애먹이곤 한다. 앞서 설명했듯 포유류의 음경은 일반적으로 골반(고래목이나 바다소목의 경우 골반뼈) (230쪽 '모유는 맞춤 생산' 참조)에 붙어 있는데, 꼬마향고래속은 골반뼈가 없다. 이들의 음경은 통상적인 골반뼈 자리에 형성된 튼튼한 힘줄에 붙어 있는데, 음경에 뼈 성분은 없다. 그런데도 크기는 굉장하다.

도쿄대에서 박사 과정을 밟으면서 이 난제를 풀기 위해 꼬마향고래속을 여러 마리 해부해보았지만, 골성骨性의 골반뼈는 끝내 발견하지 못했다. 아쉽긴 해도 이렇게 미지의 영역이 있어서 생물을 이해하는 일이 더 흥미롭다.

고래의 입장에서는 '평생 이해하기 어려울걸!'이라고 생각하지 않을까?

수산회사의 길조를 염원하는 상징물

뜻밖의 장소에서 고래의 음경이 장식된 것을 본 적이 있다. 홋카이도에 있는 수산회사의 냉동고 안이었다. 생선 식품을 보관하는 냉동고에 왜 고래 음경이 있을까? 여기에는 수산업계 나름의 특별한 사정이 있다.

과거에 일본인에게는 고래 고기는 귀중한 단백질 공급원이자 수산업계에 주요한 상품이었다. 그래서 상품을 입출고할 때 사고 없이 신속하게 진행되길 바라는 마음에서 수컷 고래의 생식기(음경)와 암컷의 생식기(생식공)를 함께 모셔놓는 풍습이 있었다. 즉 고래의 교미처럼 순조롭고 안전한 입출고를 기원한 것이다.

지금으로부터 2~3년 전, 수산회사에서 냉동고를 새로 만든다며 혹시 고래 생식기를 맡아줄 수 있는지 검토를 요청했다. 길조를 염원하기 위해 고래 생식기에 제사를 지낸다는 풍습은 익히 알고 있었지만, 실제로 본 건 그때가 처음이었다.

고래의 음경은 상상을 초월하는 크기였다. 종까지 판별하기는 어려웠지만, 그곳에 장식돼 있던 수염고랫과 고래목 수컷의 음경(약

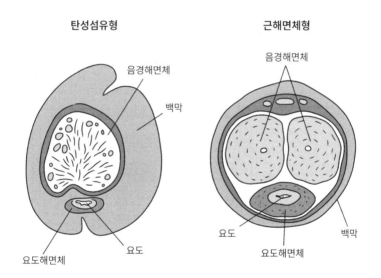

탄성섬유형   근해면체형

음경해면체

백막

음경해면체

요도

요도해면체

요도

백막

요도해면체

두 종류의 음경 단면

2미터)과 암컷의 생식공(약 1미터)은 그야말로 장관이었다. 게다가 냉동고에 두었는데도 신선한 상태로 유지된다는 점도 놀라웠다.

수산회사 위치가 내가 일하는 박물관과 가까웠다면 두말하지 않고 긍정적으로 검토했을 것이다. 그야말로 내 머릿속에서는 고래 집단 자살에 대한 계산 말고 또 다른 박물관 계산(즉 비용 견적 내기) 작업이 일어나고 있었다.

그런데 홋카이도는 거리가 너무 멀다. 저 거대한 생식기의 운송비도 그렇지만, 설령 박물관에 가져와도 어디에 보관할 수 있을까?

복을 가져다준다는 생식기

심지어 냉동 보관으로. 이래저래 냉정하게 따져보니 현실성이 없었다. 결국 울며 겨자 먹기로 거절했다.

그래도 복을 불러들이려고 소중히 모셔놓은 고래의 생식기를 실제로 본 것은 두 번 다시 없을 경험이다.

염소의 교미를 놓치지 마라

천적의 습격을 피하기 위한 전략

　육상 포유류 중에도 고래처럼 탄성섬유형 음경을 가진 동물이 많다. 염소도 그중 하나다. 염소는 솟과 염소속 동물로 고래와 동일한 경우제목으로 분류된다. 기원전부터 가축으로 사육되었고, 특히 유목민의 중요한 경제동물로 우유, 고기, 털, 가죽 등 다양하게 이용되었다.

　고래목과 염소가 공통 조상을 두었다는 점에서 음경의 형태도 같을 것이라고 어렵지 않게 유추할 수 있다. 염소 외에도 소, 양, 낙타 등 대부분의 우제목은 초식동물이어서 야생에서 항상 적의 습격을 경계해야 한다.

특히 교미 중에는 무방비로 위험에 노출되기 때문에 로맨틱한 분위기에 취할 새도 없이 최대한 빨리 교미를 끝내야 한다. 그래서 이들은 '일격형' 전략을 선택했다. 그런데 고래목은 육식성 동물이면서 이 전략을 선택했다. 이유는 뒤에서 설명하겠다.

일격형 교미는 손뼉을 마주치는 순간 끝난다. 탄성섬유형 음경은 장에서 뻗어 있는 근육(음경후인근)이 끌어당기고 있어서 평소에는 일정한 크기의 S자 모양으로 굽어져 포피 안에 들어 있다. 그러다가 암컷의 발정을 인지하면 음경후인근이 이완돼 음경이 바로 튀어나온다. 말마따나 '일격'에 교미를 끝낸다. 덕분에 천적의 기습에도 아랑곳하지 않고 교미할 수 있다.

수의대 산과학 실습 때 염소의 교미를 관찰한 적이 있다. 얼마나 전광석화 같은지 졸업하고 수십 년이 지난 지금까지도 동기들과 그날을 기억할 만큼 인상 깊이 남아 있다. 정말로 순식간이라, "순식간이니까 정신 바짝 차려야 한다"라고 교수님이 미리 일러주셔서 눈을 부릅뜨고 집중했건만, 수컷이 암컷 위에 올라탔다고 인지한 순간 이미 끝나 있었다.

교미 시간은 약 1초다. 다급한 교미에 놀라면서도 정말 수정이 될까 하는 걱정도 들었다. 초식동물은 이런 찰나의 교미로도 수정되는 탄성섬유형 음경과 일격형 교미 방법을 획득했다.

그런데 음경이 질에 제대로 들어가지 않는 경우도 있다. 남성에게는 상상만 해도 정신이 혼미해지는 괴로운 상황일 것이다. 염소를 비롯한 초식동물도 제대로 삽입하지 못하면 음경이 꺾여 고통스러운 비명을 지르기도 한다.

한편 해양에서 살기로 선택한 고래목은 중력에서 해방돼 몸집이 거대해지면서 육상의 초식동물만큼 천적을 두려워하지 않는다. 그러나 암수 모두 헤엄치면서 교미해야 하고, 주기적으로 해수면 위로 올라가 호흡해야 한다. 이런 불편을 상쇄하기 위해서인지 고래목

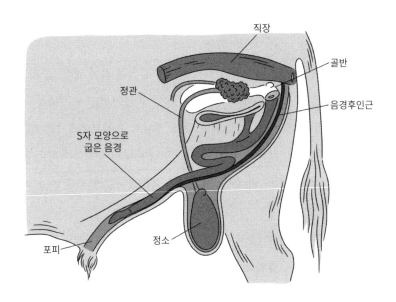

음경이 밖으로 나오는 원리

도 일격형 교미를 계승해서 탄성섬유형 음경을 S자 모양으로 구부려 몸속에 넣어두고 있다. 음경이나 정소가 몸 밖으로 나와 있으면 헤엄칠 때 불편하기 때문이다.

모든 포유류의 음경은 뿌리 부분(음경각)에서 두 갈래로 나뉘어 골반의 좌골부에 붙어 있어서 안전하고, 몸과도 연동돼 있다. 인간의 골반도 상반신과 하반신을 연결시켜 이동 수단인 다리를 움직인다.

이와 비교해 고래목은 수중 생활에 적응하기 위해 뒷다리는 퇴화하고 꼬리지느러미에 추진력을 집중시키는 형태로 진화했다. 그 결과 뒷다리와 골반의 관계는 소실되었고, 골반은 흔적기관의 형태로 변화했다(길고 얇은 막대기 모양 또는 삼각형 모양이며 척추와 연결돼 있지 않다). 하지만 포유류로 살아남은 결과, 방광, 직장, 생식기 등의 골반 내장과 골반의 관계는 유지되고 있다. 즉 고래의 음경은 흔적기관인 골반뼈에 붙어 있고, 장에 붙어 있는 음경후인근도 있다.

사실 여기에 관한 육안 해부학적 연구 내용은 내가 도쿄대에서 쓴 박사 논문이라, 그때 고래목의 암수 생식기와 골반뼈 그리고 주변 구조를 해부하고 관찰했다. 여기서 소개할 수 있어서 정말 기쁘다.

말의 플레멘 반응은 흥분 표시

서골비 기관의 역할

말의 번식 행동은 암컷이 주도하는 분위기가 강하다. 암컷은 발정해도 티를 내지 않아 외관상 특별한 변화가 없지만, 수컷의 반응은 엄청나다. 이빨과 잇몸을 전부 드러내고 호탕하게 웃어 보인다. 이 현상을 '플레멘 반응'이라고 한다.

보통 때 늠름한 이미지의 말이 놀랄 만큼 풍부한 표정을 보여주기 때문에, 플레멘 반응을 처음 본 사람들은 하나같이 놀란다. 물론 이 표정을 보고 호감이나 친밀감을 느끼는 사람도 많다.

나는 대학생 때부터 말과 비교적 인연이 깊었다. 초등학생 때 가족여행으로 간 홋카이도 사루군 히다카초에 있는 히다카 켄터키 농장(2008년 개장)에서 승마와 말과의 교감 체험을 계기로 말을 돌보는 수의사가 되기를 꿈꾸기도 했다.

말은 근해면체형(112쪽 '무지막지하게 큰 음경과 정소는 무엇을 위한 것일까' 참조) 음경을 가지고 있다. 근해면체형 음경은 백막 안에 있는 해면체가 발달하고 해면체에 혈액이 꽉 차면 해면체 근육이 수축돼(발기) 교미가 가능해진다. 암컷의 발정이 수컷의 성적 흥분을 일으키는 방아쇠가 되어 남성 호르몬의 영향으로 혈액이 해면체 안에 있는 정맥으로 한꺼번에 몰린다.

말이나 맥 등의 기제류(홀수 발굽을 가진 포유류) 외에 인간의 음경도 이런 유형에 해당한다. 포유류 음경 중 가장 단순한 구조와 원리여서 어떤 의미로는 '고민 없는' 음경 부류에 속할지도 모른다.

암컷을 향한 수컷의 격정적인 마음은 플레멘 반응과 같은 표정 변화를 넘어 종종 돌발적인 행동으로 이어진다. 대학교 부속 목장에서 말을 타는 실습 수업 때 있었던 일이다. 수컷 한 마리가 난데없이 폭주해 쓰레기장으로 쓰이는 깊은 구덩이로 추락했다. 굉음이 들려서 근처에 있던 나는 곧장 그곳으로 달려갔다. 구덩이로 떨어진 말은 미동도 없이 즉사한 상태였다.

왜 이런 일이 일어났을까? 수컷의 앞에서 걷던 암컷이 발정했던 모양으로, 수컷이 갑자기 광분하더니 직원 손에 들린 고삐를 풀어버리고 폭주 기관차처럼 달리다가 운 나쁘게 구덩이로 떨어진 것이다. 발정하면 이렇게까지 이성을 잃는다니, 그 상태로는 교미고 뭐고 위험하지 않은가? 그 격정과 열정을 이해하면서도 그들에게 함부로 다가가면 안 되겠다고 뼈저리게 느낀 사건이었다.

플레멘 반응을 보이는 수컷 말은 웃는 것이 아니다. 말의 비강에는 서골비 기관(야콥손 기관)이라는 후각기관이 있다. 처음 맡아보는 냄새나 특유의 냄새를 맡으면 입술을 말아 올려 서골비 기관을 외부 공기와 닿게 해 냄새를 더 깊게 맡으려는 습성이 있다. 이 동작이 마치 웃는 것 같은 이상한 표정을 짓게 한다.

말은 원래 신경질적이며, 시각, 청각, 후각도 상당히 민감하고, 후각은 인간의 1,000배 정도 뛰어나다고 한다. 이런 후각 능력을 유

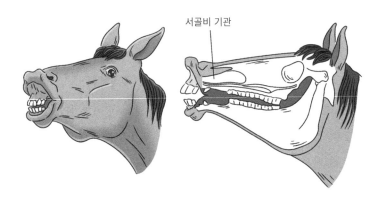

서골비 기관

플레멘 반응과 서골비 기관

지하는 동시에 발정한 암컷의 냄새를 확실하게 감지하기 위해 서골비 기관이 발달했다.

특히 발정한 암컷의 생식기와 오줌 냄새에 눈에 띄게 플레멘 반응을 일으킨다. 이것이 교미로 연결돼 새 생명이 탄생한다. 이 밖에도 담배, 알코올, 향수 등 자극적이고 강한 냄새에 플레멘 반응을 보인다.

플레멘 반응은 다른 동물에게서도 관찰된다. 가깝게는 수캐와 수고양이가 킁킁대며 코와 윗입술을 약간 말아 올리고 위를 올려다본다. 우리 집 수고양이는 함께 사는 암고양이의 생식기 냄새를 맡을 때 이런 표정을 짓는다.

인간을 포함한 고등 영장류, 일부 박쥐, 고래목을 제외한 대부분의 포유류는 서골비 기관이 있고, 정도의 차이는 있지만 플레멘 반응도 보인다. 그래도 말의 플레멘 반응이 제일 독특해서 그 표정을 보면 한동안 계속 떠오를 만큼 매력적이다.

잠금형 음경, 나선형 음경

한 번 들어가면 빠지지 않는 형태

음경이라는 관점에서 보면, 우리에게 친근한 개도 말이나 인간과 같은 근해면체형 음경을 가지고 있고, 성적으로 흥분하면 해면체로 혈액이 유입돼 음경이 팽창하고 단단해진다(발기 상태). 그런데 개는 인간과는 다른 디자인이 드러난다.

개는 음경이 발기될 때 뿌리도 같이 부풀어 올라 혹 모양의 귀두망울이 형성된다. 교미가 시작되면 부풀어 오른 귀두망울이 질 안에 안전하게 고정돼 쉽사리 빠지지 않는다. 이른바 잠금 상태로, 이 또한 대단한 전략이다.

교미 도중에 암컷이 싫다고 도망가려 해도 한 번 팽창한 음경은

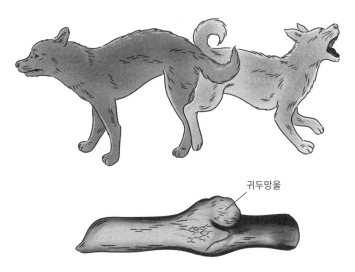

귀두망울

개의 교미와 음경

간단히 빠지지 않는다. 그래서 수컷도 삽입된 자세로 끌려다니다가 1시간을 넘겨 교미하는 경우도 있다.

대학원생 시절, 논두렁이 한복판에서 우연히 들개들의 교미를 본 적이 있다. 암컷은 달아나려 했지만 음경이 이미 단단히 고정됐는지 암컷이 움직이면 수컷도 따라 움직이고 있었다. 수컷도 '놓치지 않겠다'는 표정이 아니라 '왜 이러지? 잠깐만 기다려봐, 안 빠져'라는 것처럼 당황한 기색이어서 잊히지 않는다. 일단 음경이 질에 고정되면 수컷도 음경을 조절할 수 없기 때문에 당황스러운 상황이 일어날 수 있다.

귀두망울은 잠금 기능뿐 아니라 정액의 역류를 막는 역할도 한다. 너구리, 코요테 등 갯과 동물도 근해면체형 음경과 귀두망울을 가지고 있다.

암컷을 배려한 다정한 음경

돼지의 음경도 독특하다. 고래와 같은 경우제목에 속하는 돼지도 탄성섬유형 음경을 S자형으로 구부려 몸속에 넣어둔다. 하지만 돼지는 음경 자유부(음경 끝부분)가 나선형으로 회전하고 귀두가 없다. 그래서 돼지의 음경은 '특수형 음경'으로 분류된다.

왜 이런 모양일까? 암퇘지의 자궁경관은 경침頸沈, pulvini cervicales이라는 점막 주름으로 인해 나선형 모양이 되었다. 그래서 수퇘지도 이에 적합한 나선형 음경을 가진다. 나선형 자궁은 정자가 새어나가지 않도록 막아주는 효과가 있다.

점막 주름은 자궁 입구부터 세로 방향, 나선 방향, 끝에 평평한 가로 방향으로 잡혀 있다. 자궁경관은 발정기에 수축되고 휴지기에 이완된다. 자궁도 음경이 잘 삽입되도록 준비하는 것이다.

이처럼 복잡한 질 형태여도 딱 맞는 음경을 삽입하면 교미가 성공할 확률은 높아진다. 나사와 나사 구멍의 구조와 같은 원리.

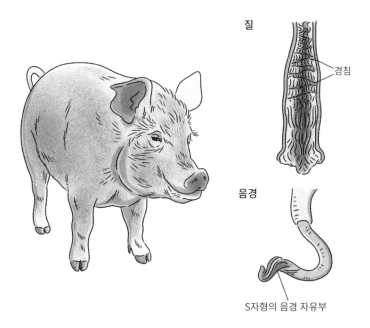

질

경침

음경

S자형의 음경 자유부

돼지의 음경과 자궁경부

사실 돼지라고 하면 돼지단독(인수공통감염병 중 하나로 세균에 의한 돼지의 중증 감염증)이나 돼지 콜레라(가축전염병 중 하나로 바이러스에 의한 돼지 전염병)처럼 전부 질병에 관련된 이슈만 떠오른다.

그런데 돼지의 생식기에 이토록 신기한 구조와 발상이 숨어 있었다니. 경제동물이면서 이런 유형의 음경과 질을 가진 동물은 돼지뿐이다. 암컷을 배려한 전략이다.

음경 안에 뼈가 있는 바다코끼리

교미를 확실하게 완수하기 위해

고래처럼 육상에서 바다로 생활 영역을 옮긴 다른 해양 포유류로는 바다코끼리가 있다. 바다코끼리는 북극권의 빙판 위나 연안에 서식하는 바다코끼릿과 바다코끼리속 기각류(지느러미발을 가진 해양 포유류)로, 지구상에 1종밖에 없다. 암수 모두 긴 엄니(발달한 송곳니)가 있고 입 주변에는 수염(동모, 감각모)이 있다. 번식기가 되면 싸움에서 이긴 수컷이 일부다처제의 하렘을 형성한다. 바다코끼리는 크게 식육목으로 분류되며, 근해면체형 음경을 가지고 있고, 그 안에 음경골이라는 뼈가 있다는 특징이 있다.

음경골이 있는 동물은 비교적 많다. 인간을 제외한 대부분의 영장목, 식육목, 익수목(박쥐류)과 설치목(다람쥐, 쥐, 비버 등), 첨서목(두더지류)에게서 음경골이 관찰된다. 음경 끝이 귀이개처럼 휘어져 있거나 오므라져 있는 등 음경골 형태가 종마다 다르다는 점에서 종의 분류를 결정하는 지표로도 활용된다.

왜 음경 안에 뼈가 있는지 궁금할 것이다. 사실 이는 획기적인 전략이다. 앞에서 설명했다시피, 확실한 방법으로 자손을 남기려면 수컷은 어떻게든 암컷의 타이밍에 맞춰 교미를 시작해야 한다. 그 어떤 상황에서든 말이다.

그런데 근해면체형 음경 내부에 음경골이 있다면, 몸 상태가 좋지 않아 해면체에 혈액이 충분히 모이지 않더라도(발기하지 않은 상태) 일정 크기와 형태를 유지시키면서 음경을 질 안에 삽입할 수 있다. 즉 암컷의 발정만 알아차리면 기회를 놓치지 않고 교미할 수 있다. 이런 이유로 대부분의 포유류가 음경골을 가지고 있다. 영장목이나 식육목의 경우, 교미 시간이 길수록 음경골도 길어서 교미 중에도 형태가 유지된다.

기각류의 음경골은 모두 단순한 막대기 모양이다. 다만 길이 면에서는 바다코끼리의 음경골이 월등히 길다. 포유류계에서 음경골이 가장 긴 동물이 바다코끼리일 것이다.

바다코끼리와 함께 기각류에 속하는 남방코끼리물범 수컷은 몸길이가 수컷 바다코끼리의 2배 이상이다. 그런데 음경골은 30센티미

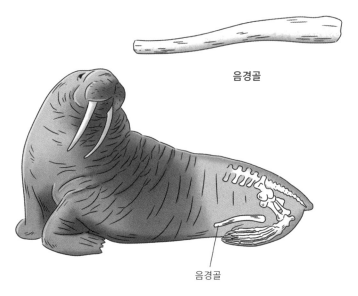

음경골

음경골

바다코끼리의 음경골

터가 되지 않는다. 그에 비해 바다코끼리의 음경골은 약 60센티미터로 남방코끼리물범의 2배에 달한다. 이렇듯 몸집과 음경골의 길이는 반드시 비례하지는 않는다.

그렇다면 바다코끼리의 음경골은 왜 이렇게 길까? 암컷 바다코끼리의 배란일은 1년에 하루나 이틀뿐이라 포유류 중에서도 배란일이 상당히 짧다. 1년에 한 번뿐인 귀한 기회를 성공리에 마치기 위해 적응 진화한 결과, 그 누구보다 긴 음경골을 얻은 것이다.

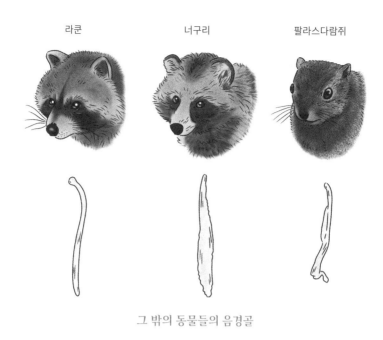

라쿤   너구리   팔라스다람쥐

그 밖의 동물들의 음경골

음경골 형태는 종에 따라 천차만별이다. 라쿤과 족제비의 음경 골은 끝이 고리처럼 휘어 있다. 너구리의 음경골은 전반적으로 막대 기 모양이며, 배 쪽에 요도가 지나가는 홈이 나 있다. 쥐의 음경골은 연골성이지만, 같은 설치류인 다람쥐의 음경은 단단한 골성이다.

이렇게 진화의 과정에서 필요에 따라 각자 형태를 변화시켜왔 다. 그 섬세한 발상과 전략에 감탄이 절로 나온다.

가시로 배란을 유도하는 사자

고양잇과의 음경 전략

근해면체형 음경을 가진 동물 중에 교미 중 암컷의 배란을 유도하는 노련한 동물이 있다. 바로 사자를 비롯한 고양잇과 동물이다. 고양잇과 수컷의 음경 표면에 있는 가시 모양의 각화된 돌기(음경 가시)는 암컷의 질 점막을 자극해 배란을 유발한다(교미 배란). 이 또한 자손을 반드시 남기기 위한 전략이다.

사자는 아프리카 초원이나 사바나, 인도의 삼림 보호 구역에 서식하는 대형 고양잇과 동물이다. 고양잇과 동물은 일반적으로 암수의 성격과 체형 차이가 크지 않다. 그러나 수사자의 몸길이는 170~250센티미터, 체중은 150~200킬로미터인데 암사자의 몸길이는 140~175센티미터에 체중은 120~180킬로그램으로, 체격 면에서 상당한 차이가 난다.

더욱이 수사자에게는 '백수의 왕'이라는 명예를 선사한 가장 큰 특징인 갈기가 있다. 갈기는 유혹, 수컷의 상징 그리고 수컷들 사이에서의 위협 신호 등 중요한 역할을 한다. 테스토스테론 등 남성 호르몬의 분비량이 많을수록 갈기는 더 까매지는 경향이 있는데, 훌륭한 갈기의 조건은 털의 양보다 색의 진하기로 정해진다는 주장도 있다.

최근에는 남아프리카공화국 남부부터 동부의 해발 1,000미터 이상의 지역에 서식하는 개체군의 갈기는 발달하는 경향이 있는 반면, 케냐 또는 모잠비크 북부에 걸쳐 있는 열대지역에 서식하는 개체군의 갈기는 많이 발달하지 않았고 아예 갈기가 없는 개체도 있다는 사실이 발견되었다.

서식지에 따라 갈기 발달에 차이가 난다는 상관관계 여부가 현재까지는 확실치 않다. 그러나 서식지의 기온이 계속 상승한다면 수사자의 갈기는 한여름에 머플러를 두른 것과 같다. 포유류로 사는 이상 체온 유지는 번식 전략보다 중요할 수밖에 없으므로 온난화가 심각해지면 가까운 미래에는 갈기가 하나도 없는 백수의 왕이 주류가 될지도 모른다.

사자는 보통 1~3마리의 수컷과 10마리 내외의 암컷 그리고 새끼들이 '프라이드'라는 무리를 이루고 산다. 모계사회인 프라이드(이하 무리)에서 새끼가 태어나면 암컷은 그대로 무리에서 살고, 수컷은 2~3세가 될 무렵 무리에서 쫓겨난다. 여러 마리의 수컷이 함께 살면 친족 간의 교미가 반복되면서 유전적 다양성을 잃는 동시에 생존 능력이 강한 자손을 남기는 데 불리해지기 때문이다.

쫓겨난 수컷들은 함께 다니며 사냥도 하고 싸우는 방법도 배우다가 새로운 무리를 발견하면 단독으로, 혹은 2~3마리가 무리를 습

각화된 돌기

수사자와 음경

격해 탈취를 꾀한다.

보통 기존의 무리에는 우두머리 수컷이 군림하고 있어 싸움에서 지면 목숨을 잃을 위험도 있다. 그래서 어린 수사자는 무모한 승부에 나서지 않는다. 이때는 갈기 색과 털의 양이 힘을 가늠하는 중요한 기준이다. 따라서 갈기가 덥수룩하고 색깔이 짙은 수사자가 있는 무리는 피하고, 조금 나이 들었거나 갈기가 빈약한 우두머리의 무리를 발견하면 수사자 1~3마리가 노리는 경우가 많다.

젊은 수컷들이 자신의 갈기 색과 털의 양을 과시하면 불필요한 싸움을 하지 않고도 기존의 우두머리를 몰아낼 가능성이 높다. 설령 싸움이 일어나더라도 풍성한 갈기는 급소인 머리나 목덜미를 보호해준다.

무리에서 우두머리를 몰아내는 데 성공하면 자연스럽게 암컷을 차지할 수 있다. 이들이 무리를 정복하고 가장 먼저 하는 일은 예전 우두머리의 새끼들을 몰살시키는 것이다. 비정하다고 여길 수도 있지만, 육아 중인 암컷은 발정하지 않기 때문에 새로운 우두머리가 자손을 남기기 위해서는 반드시 필요한 행위다.

심지어 무리에 있는 수컷은 먹이 사냥에 참여하지 않는다. 수컷에게는 대형 사냥감을 한 방에 쓰러트릴 긴 송곳니와 강력한 턱이 있지만 사냥은 암컷의 몫이다. 암컷이 기껏 숨통을 끊어놓은 사냥감을 수컷이 먼저 먹는 걸 보면 폭군 같다.

목숨을 걸고 영역을 지키는 이유

한가한 백수처럼 보이지만 수사자도 나름대로 무리를 지키기 위해 촉각을 곤두세우고 있다. 항상 영역을 정찰하고 무리를 넘보는 침입자를 발견하면 그 즉시 위협해서 쫓아낸다.

그런데 위협에 개의치 않고 계속 접근하면 그 싸움에는 반드시 응해야 한다. 이것이 무리를 지배하는 수컷의 사명이다. 영역을 표시하는 수단으로는 오줌과 대변 등 냄새를 묻히는 마킹이 있다.

무리가 탈취당하면 새끼는 모두 죽임을 당한다. 그래서 암컷은 안심하고 새끼를 돌보기 위해 평소에 밥만 축내는 수컷이어도 힘이 세면 눈감아준다.

고양잇과 동물 중 사자만 유일하게 무리 지어 사는 이유는 집단으로 사냥하는 편이 유리하고, 무리를 탈취하려는 수컷으로부터 새끼를 지키기 위해서라고 설명하는 경우가 많다.

그런데 동물학자 조너선 스콧의 조사에서 두 가지 주장에 대해 의문이 제기되었다. 전자의 주장의 경우, 집단으로 사냥해도 성공률이 높지 않고 성공하더라도 다수에게 분배되는 양이 정해져 있어 이득은 줄어든다. 후자의 경우에는, 단독 생활을 하는 호랑이나 표범도 다른 수컷이 새끼를 죽이는 습성이 있다는 점에서 사자가 무리를 짓는 이유라고 보기 어렵다는 결론이 나왔다.

여기서 주목해야 할 점은 지리적 우위다. 스콧의 조사에 따르면 사자 무리 28개를 관찰한 결과, 물과 식량을 가장 얻기 쉬운 장소를 차지한 무리가 가장 번식률이 높았다. 즉 번식에 중요한 에너지를 비축할 수 있는 적합한 장소를 지켜내기 위해 우두머리를 중심으로 무리 지어 사는 습성을 익혔다고 해석할 수 있다.

암컷의 욕구를 충족시켜주지 못하는 수컷

수컷이 무리를 지키고 있지만, 교미 주도권은 암컷이 쥐고 있다. 암컷이 주도권을 행사하면 수컷은 절대 거절할 수 없다.

사자의 교미는 몇 초 안에 끝나지만, 음경을 뺄 때 음경의 가시가 질에 상처를 내서 암컷이 앙칼지게 울며 고통스러워할 때도 있다. 심지어 교미 중에는 수컷이 암컷의 목덜미를 물어 꼼짝 못 하게 만드니 괴로워 보이기만 한다. 그런데도 교미가 끝나면 암컷은 같은 수컷 또는 다른 수컷과 교미를 반복해 임신 확률을 높인다.

암컷들은 여럿이 같이 새끼를 돌보기 때문에 한꺼번에 출산하는 경우가 많다. 즉 새끼가 자립하는 시기도 겹친다. 암컷들은 육아 중에는 발정하지 않다가 새끼가 자립하면 같이 발정한다. 이후 수컷의 얼굴에 엉덩이를 들이대 냄새를 맡게 하고 교미하자고 꼬드긴다.

생태계에는 암컷의 마음을 끌기 위해 끊임없이 사투를 벌이는 수컷, 엄니를 길게 늘여 수명이 단축되는 수컷도 있으니, 수사자가 받는 대우는 행복할 정도다. 그러나 환희의 날은 끝도 없이 요구하는 교미로 인해 곧 시련의 날로 바뀐다.

교미는 20초 내외로 끝나지만 이를 15분에 1회나 심하면 5분에 1회라는 빠른 속도로 반복하고, 하루에 50회 이상의 시련(교미)을 소화하는 날도 있다. 길면 이런 일이 일주일 정도 이어져서 그동안 수컷은 먹거나 잘 틈도 없다.

된통 혼나는 수사자

수컷이 교미를 거부하면 무리에서 쫓겨난다. 암컷이 사냥한 먹이를 수컷에게 양보하는 이유는 헌신하기 때문이 아니라 교미하고 임신해서 태어난 새끼를 지키게 하기 위해서다. 임신과 육아에 도움이 되지 않는 수컷은 필요 없다.

교미 중에 배란을 유도하는 이유는 고양잇과 암컷에게 발정기가 정해져 있지 않기 때문일 수도 있다. 그러나 특정한 계절이 되면 야생 고양이들은 독특한 울음소리를 낸다. 그렇다면 암컷이 육아하기 적합한 계절을 염두에 두고 수컷을 꼬드기는 전략은 아닐까?

숨어 있는 고환의 수수께끼

고환을 몸속에 고정시킨 바다표범

남방코끼리물범은 물범과 중 가장 몸집이 큰 코끼리물범속의 일종으로, 남반구 아남극권을 중심으로 서식한다. 북반구에는 북방 코끼리물범이 북태평양의 북미 알래스카에서 멕시코의 바하칼리포르니아 인근까지 분포한다.

이들은 이름 그대로 코끼리처럼 코가 길다는 특징이 있다. 남방 코끼리물범은 코끼리보다 코는 짧지만 몸집은 크다. 성숙한 수컷의 몸길이는 약 6미터, 체중은 5톤에 달하고, 암수의 성적 이형이 확연하다(몸집, 형태, 색 등의 차이에서 암수 구분이 명확하다).

인간을 포함한 수컷 포유류의 정소(정자를 생성하는 생식기관)는 일반적으로 음낭으로 불리는 주머니에 싸여 몸 밖에 매달려 있다. 그런데 긴수염고랫과(112쪽 '무지막지하게 큰 음경과 정소는 무엇을 위한 것일까' 참조)를 설명할 때도 말했지만, 남방코끼리물범을 비롯한 해양 포유류는 몸을 구석구석 훑어봐도 대롱대롱 매달려 있는 것이 없다. 도대체 어디에 있을까?

　포유류가 어미의 몸속에 있는 태아기 때는 정소의 원기^{原基}(아직 형태와 기능이 없는 세포군 상태의 기관―옮긴이)가 신장 뒤에 있다. 성장하

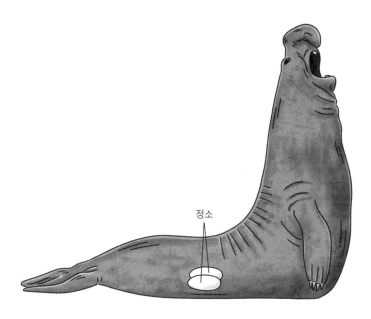

정소

남방코끼리물범의 정소

면서 이것이 서서히 꼬리로 이동하고 서혜부에 있는 서혜관 통로를 지나 음낭에 들어가면 이윽고 몸 바깥으로 이동해 제 위치에 고정된다. 이는 정소하강精巣下降이라 불리는 수컷의 생리현상이다.

왜 몸 바깥으로 이동해야 할까? 체온보다 2~3도 낮은 환경에서 정자가 생성되도록 진화했기 때문이다. 체온과의 온도 차를 이용해서 에너지를 만들어 정자를 생성하는 것으로 보인다.

하지만 남방코끼리물범을 비롯한 해양 포유류는 다른 방식을 골랐다. 수중에 적응하는 진화 과정에서 몸 밖에 음경이 매달려 있으면 헤엄칠 때 방해되거나 치명상을 입을 수도 있다. 그래서 태아기 단계에서 일어났어야 할 정소하강을 아예 하지 않거나 도중에 멈춘다. 즉 고래목, 바다소목, 물범과는 배 속(복강 내)에 정소를 고정시켰고, 바다사자과와 바다코끼릿과는 근육 안까지만 하강시켰다.

그런데 또 다른 걱정이 생겼다. 정소는 체온보다 2~3도 낮은 환경에서 정자를 생성하는 기능이 작동하는 구조다. 헤엄칠 때 방해된다고 배 속에 넣어두기만 하면 주변 온도가 뜨거워서 정자를 생성할 수 없다. 그런데 역시 해양포유류는 진화 과정에서 기가 막히게 적응했다. 배 속의 정소에는 '덩굴정맥얼기'라는 수많은 정맥이 정소 주변에 덩굴처럼 엉켜 있는데, 등지느러미와 꼬리지느러미 표면에서 해수에 의해 온도가 내려간 혈액을 정소로 흘려보내 정소를 식히는 것이다.

이와 관련한 재미있는 에피소드가 있다. 수족관 건강검진에서는 체온을 잴 때 보통 직장의 온도를 잰다. 여느 때와 같이 직장에 체온계를 넣었는데, 좀 더 안쪽에서 쟀는지 체온이 34도밖에 되지 않았다. 평균 체온이 36~37도라 몸이 아픈 게 아닐까 싶어서 순간적으로 긴박한 분위기가 되었다. 다시 확인해보려고 아까보다 조금 앞쪽, 그러니까 원래 재야 하는 부위에서 쟀더니 그제야 평균 체온이 나왔고, 담당자는 안도의 한숨을 쉬었다고 한다. 이 개체는 수컷으로 평소보다 더 안쪽이면 정소 근처라서 평소 체온보다 2~3도 낮아도 이상하지 않다.

정소가 배 속에 있어도 정소를 체온보다 2~3도 낮게 유지시키는 기능이 있으면 정자를 생성하는 기능이 정상적으로 작동한다. 바다사자과는 정소하강을 중간까지만 진행한 뒤 해수로 정소를 식힐 수도 있고, 헤엄칠 때 방해되지 않도록 넓적다리 근육 안에 정소를 넣는 데도 성공했다.

한편 육상에 사는 코끼리의 배 속에서도 정소가 관찰된 것으로 보아, 이러한 방식이 수중에 적응하기 위한 이유만으로는 보기 어려울 수도 있다. 앞으로도 계속 연구해야 할 주제다.

수컷도 암컷도 모두 힘들다

1964년, 남대서양 사우스조지아섬에 있는 고래잡이 기지에서 수산회사인 일본수산(현재는 닛스이)이 펭귄 40마리와 어린 남방코끼리물범 4마리를 싣고 일본으로 돌아왔다. 남방코끼리물범은 우에노동물원과 에노시마수족관(현재는 신에노시마수족관)에 각각 2마리씩 기증되었다.

에노시마수족관에 기증된 암수 중 수컷은 다이키치大吉(일본 신사에서 길흉을 점치는 제비뽑기 중 가장 운세가 좋은 점괘—옮긴이)라는 이름으로 친숙해져 수족관에서도 큰 인기를 얻었다. 1977년에 세상을 떠났는데, 일본 내에서 최장 사육 기간인 13년 8개월을 기록했다. 몸길이 4.61미터, 체중 3톤까지 성장해 당시 사육 펭귄 중에는 전 세계적으로 가장 큰 개체였다.

암컷인 오미야お宮(일본의 신사라는 의미—옮긴이)도 2년 후에 세상을 떠났다. 두 마리가 살아 있을 때의 모습을 본뜬 박제와 다이키치의 전신 골격은 에노시마수족관에 전시되었다가 지금은 내가 근무하는 국립과학박물관에 기부돼 사망 후 40년이 지났는데도 여전히 특별전의 볼거리로 자리매김했다.

1995년, 우루과이에서 온 수컷 남방코끼리물범은 에노시마수족관에서 미나조(남쪽의 코끼리라는 의미—옮긴이)라는 애칭으로 사랑받았다. 혀를 내미는 귀여운 모습으로 '당대의 해양 포유류'로 불린 기억이 생생하다. 미나조는 2005년에 세상을 떠나 현재는 뼈박물관(일본대학 생물자원과학부 박물관)에 골격이 보관돼 있다.

수족관에서는 마음을 살살 녹이는 남방코끼리물범이지만, 야생에 사는 수컷은 매우 사납다. 특히 번식기에 암컷을 둘러싼 혈투에서는 경쟁자를 죽일 때도 있다. 여기에는 이유가 있다. 싸움에서 승리한 수컷만이 불^{bull}이라는 니치^{niche}(생태적 지위)에 올라 수십 마리부터 100마리 이상의 암컷을 독점하는 하렘을 형성할 수 있기 때문이다. 경쟁에서 패배한 수컷은 암컷과 만날 기회도 없이 외롭게 생을 마치곤 한다.

암컷을 독차지한 불은 근심 걱정이 없어 보인다. 그러나 불에게는 가혹한 현실이 기다린다. 기쁨은 아주 잠깐이고, 이제는 지위를 지키기 위한 사투가 시작된다. 하렘 주위에는 2인자와 3인자가 호시탐탐 기회를 노리며, 약간의 틈만 보여도 불에게 달려든다.

불은 온종일 주변을 경계하고 위협 신호를 보낸다. 잠깐 시간을 내서 교미도 하고 쪽잠도 자고 다시 주변을 경계하는 것을 반복하며 하렘을 지킨다. 그래서 불은 무리에서 가장 눈에 띄는 곳에 있고, 그렇기 때문에 쉽게 찾아낼 수 있다.

만약 2인자가 암컷에게 관심을 보이면 우렁찬 울음소리를 내며 곧바로 상체를 일으켜 전투태세를 취한다. 기각류 중 수중 생활에 가장 잘 적응한 물범과는 털가죽이 앞발의 팔꿈치까지 덮여 있다. 그래서 육상에서는 앞발에 의지해 상체를 일으킬 수 없다.

하지만 코끼리물범속은 예외라서 상체를 꼿꼿이 세우고 가슴을 내밀고 몸통을 부딪치면서 싸운다. 이때 어마어마한 소리가 고요한 해안에 울려 퍼질 정도다.

캘리포니아주 샌프란시스코에서 남쪽으로 1시간 반 정도 차를 타고 가면 아뇨누에보주립공원이 있다. 일전에 북방코끼리물범을 관찰하러 갔을 때 싸움을 본 적이 있는데, 어린 수컷들이 석양을 배경으로 물가에서 가슴을 퍽퍽 부딪치고 있었다.

아직 어려서 본격적인 싸움은 아니고 실전을 위한 연습으로 보인다고 가이드는 설명했지만, 그 소리도 고급 스피커가 그렇듯 밑바닥에서부터 몸이 울렸다. 그때 공원에서 구매한 북방코끼리물범 와펜이 달린 조끼는 지금도 박물관에서 작업복으로 애용하고 있다.

승자의 자리를 지키는 불의 목덜미는 항상 상처투성이에 피범벅이지만, 물범과의 목둘레에는 피하지방이 두껍게 비축돼 있어 어지간한 공격은 치명상이 아니다. 불이 되지 않고 여유롭게 사는 게 편하지 않을까 싶지만, 그래서는 자손을 남기지 못한다. 그래서 수컷들은 목숨을 걸고서라도 불이 되려고 한다.

한편 암컷은 어떨까? 수컷의 철저한 지배에 놓인 하렘에서 암컷은 선택권이 없어 보인다. 암컷의 몸집은 수컷의 4분의 1에 불과해 수컷이 교미를 강요하면 거부할 수가 없다.

하지만 다른 동물과 마찬가지로 암컷은 더 강한 수컷의 유전자를 남기는 일이 가장 중요하다. 수컷들의 서열이 정해지고 가장 힘센 수컷이 먼저 교미하러 오면 암컷으로서는 번식 상대를 탐색하는 수고를 던다. 즉 교미의 주도권과 선택권은 압도적으로 암컷에게 있다는 뜻이다.

그래서 수컷들의 장렬한 싸움에도 암컷은 낮잠을 자거나 털고르기를 할 뿐, 나 몰라라 한다. 그러다가 기존의 불이 패하고 새로운 불이 탄생하면 바로 현실에 순응하고 교미한다. 자연계는 이렇듯 단순 명쾌하다.

암컷에게 흡수되는 수컷

생물 중에는 아주 겸허한 태도를 지닌 수컷도 있다. 그중 수컷 초롱아귀
는 그 도가 지나치다. 암컷을 유혹하기는커녕 암컷이 수컷의 존재를 모
르는 건 아닐까 싶을 만큼 몰래 교미한다. 목숨을 건 구애를 넘어 목숨
을 바치는 구애 전략이다.

초롱아귀는 아귀목 초롱아귓과에 속하는 심해어의 일종으로, 주요 서
식지는 대서양으로 알려졌지만 일본 연안을 포함한 태평양과 인도양에
서도 포획되었다고 보고된다. 열대·아열대 바다의 200~800미터 심해에
분포하는 것으로 보인다. 산 채로 포획되는 경우가 적어 생태에 대한 정
보는 수수께끼지만, 이름처럼 머리에 초롱불 같은 돌기가 있는 덕분에
초롱아귀는 꽤 잘 알려진 편이다.

초롱아귀의 가장 큰 특징인 '초롱불'의 정식 명칭은 '유인 돌기'라는 기
관이다. 등지느러미 일부가 늘어난 유인 돌기 끝부분에는 푸르스름하게
발광하는 낚시 미끼(낚시할 때 쓰는 인조 미끼 모양)가 달려 있다. 낚시 미끼
에는 발광 박테리아(발광하는 세균)가 상주하는데, 박테리아가 만들어낸
발광액이 초롱불에 빛을 돌게 해 먹잇감을 유인하거나 깜짝 놀라게 한
뒤 잡아먹는다. 또는 적에게서 도망칠 때 눈속임으로도 쓰이는 것 같다.

다만 지금까지의 이야기는 모두 암컷에만 해당되며, 암수의 생태가 매
우 다르다. 암컷의 몸길이는 약 40센티미터 정도에 생김새는 꽤 무섭고
통통한 몸 표면에는 오돌토돌한 가시가 돋아 있다. 한편 수컷의 몸길이
는 암컷의 10분의 1 정도다. 초롱아귀의 상징인 돌기가 없고 몸 표면도

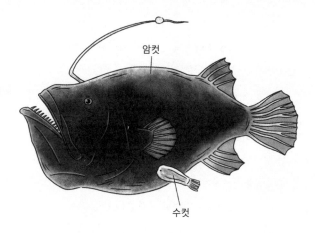

암컷

수컷

초롱아귀의 동화

매끈거려서 살찐 송사리처럼 보인다.

암컷에게만 있는 초롱불은 암흑 같은 심해에서 작디작은 수컷이 암컷을 찾아내는 등대가 되어준다. 희미한 빛에 의지해 암컷을 찾아낸 수컷은 절대 떨어지지 않겠다는 일념으로 암컷의 복부를 서서히 물고 늘어진다. 그리고 수컷은 산소를 분비해 자신의 몸과 암컷의 몸을 합체시킨 후, 암컷의 혈관에서 영양분을 나눠 받으며 기생하다가 결국 지느러미와 눈을 잃고 뇌와 내장마저 모두 사라져 암컷의 몸에 흡수되고 동화된다. 한 마리의 암컷에 수십 마리의 수컷이 기생하는 경우도 있다고 한다. 어느 수컷이든 최후에는 생식선(정소)만 남아서 암컷의 타이밍에 맞춰 수정이 이루어진다.

결국 암컷은 정소만 필요한 것일까? 예전부터 초롱아귀의 암컷은 생김새가 무섭다는 이유로 '수컷이 안됐다'는 말을 종종 들어왔다.

153

하지만 관점을 바꿔보면, 암컷은 진화 과정에서 만들어낸 낚싯대 같은 돌기로 부지런히 먹이를 섭취한다. 그에 비해 수컷은 아무 일도 하지 않다가 암컷에 기생해 살아간다. 수컷이 교미하기 위해 기울인 노력이라곤 암컷을 발견해 복부를 문 것뿐인지도 모른다.

애초에 수컷 초롱아귀의 모습을 보면 혼자 힘으로 살아남을 수 있을까 걱정된다. 오랜 진화 과정에서 선택한 최종 형태가 암컷에 기생해 생애를 마치는 길이라면, 그것이 그들의 전략이다. 암컷과 동화해 자손을 남길 수만 있다면 생물이 짊어진 책임과 의무는 완수한 것이다. 어쨌든 어두침침한 심해에서 희박한 만남의 기회를 놓치지 않고 암수 모두 자손을 남기기 위해 안간힘을 다한다는 사실은 분명하다.

시즈오카현 시즈오카시에 있는 도카이대학 해양과학박물관에서는 시미즈 항구에서 포획한 암컷 초롱아귀 표본을 전시하고 있다. 50센티미터나 되는 커다란 복부에 기생하는 10센티미터가량의 수컷도 볼 수 있다. 관심 있는 사람은 가보길 권한다.

한데 묶어서 설명했지만, 초롱아귀의 종류는 100종류 넘게 확인되었으며, 그중 암컷에게 동화되는 수컷은 약 20종류라고 알려져 있다.

돌고래는 아기를 거꾸로 낳는다

암컷의 번식 전략

태반이라는
따뜻한 전략

공룡이 지구상에서 가장 번성하였던 쥐라기 시대(약 2억 130만 년 전~약 1억 4,550만 년 전)에 포유류는 지상의 한구석에서 쥐처럼 작은 몸집으로 근근이 살아가는 소수의 존재였다.

공룡이 멸종하고 6,600만 년이 지난 오늘날, 지구 어디에서든 살아갈 수 있는 포유류는 큰 번영을 이루어 생물계에서 승리를 거머쥔 셈이다. 이 대번영을 이룩한 핵심에는 암컷의 체내에서 새끼를 발육시키는 태반이 있다.

이것이 포유류(유태반류)가 번영한 이유다. 앞서 번영을 누리던 공룡과 파충류는 알을 낳고 나면 성장하기까지 어미가 돌보지 않는다. 대신 알을 대량으로 낳아 포식자로부터 살아남는 식의, 양으로 승부하는 전략을 선택했다.

반면 포유류는 소수이던 시대부터 암컷의 체내에 있는 태반에서 새끼를 발육시키는 전략을 고안해냈다. 그 결과, 어미는 배 속에서 새끼(태아)를 발육시키는 동시에 어미도 생활을 영위할 수 있다.

양으로 승부하는 전략과는 달리 한 번에 낳는 새끼의 수가 급격히 줄었지만, 외부의 적과 천적 등 외부 리스크가 급감하면서 소수의 새끼를 집중적으로 키울 수 있었다.

환경 변화나 예측 불가능한 사태가 일어날 때도 있지만, 오늘날 포유류는 지구상 곳곳에 있고 압도적인 생태적 지위도 손에 넣었다.

수컷 포유류가 오랜 세월을 거쳐 번식에 얽힌 생식기나 생식선을 변화시켰듯이, 암컷도 자손을 남기는 데 최적화된 자궁과 태반을 선택했다. 동물은 저마다의 생활 양식에 따라 형태와 구조를 다양하게 진화시켰다.

임신과 출산을 짊어진 존재는 오직 암컷뿐이다. 교미를 마친 순간부터 암컷의 고독한 생물학적 싸움이 시작된다.

가장 단순한 자궁을 가진 동물

인간과 같은 자궁을 가진 원숭이

일본에서는 원숭이라면 일본원숭이를 떠올린다. 침팬지, 숲의 사람으로 일컬어지는 오랑우탄, 고릴라 등의 유인원 외에 인간도 영장목에 속하는데, 영장목 암컷 역시 체내의 자궁과 태반에서 새끼를 키운다. 인간 이외의 영장목은 대부분 열대나 아열대에 서식한다. 일본원숭이처럼 눈이 오는 추운 지역에 사는 종은 굉장히 드물다. 서식지로 유명한 아오모리현 시모키타반도가 영장목 서식지의 북방한계라는 점에서 일본원숭이의 생태를 밝혀내는 일은 세계적으로도 중요한 과제다.

영장목의 생활 양식은 종에 따라 다양하다. 일본원숭이를 포함한 대다수의 원숭이는 암수 여러 마리가 무리를 이루어 살아간다. 또는 오랑우탄처럼 어미와 새끼 외에는 단독 행동을 하는 종, 고릴라처럼 일부다처제 무리를 이루는 종, 일부일처제 양식에서 생활하는 긴팔원숭이 같은 종도 있다.

침팬지도 일본원숭이와 마찬가지로 암수 여러 마리가 무리를 이루지만, 몇 마리 혹은 단독으로 행동하는 시간도 길다. 이는 먹잇감 쟁탈전을 피하려는 의도로 보인다.

영장목의 몸 구조에서 보이는 공통점은 얼굴 정면에 위치한 눈, 5개씩 달린 손가락과 발가락, 따로 떨어진 엄지, 뇌의 발달이다. 눈이 얼굴 정면에 있으면 몸의 방향과 연동돼 원근감이 잘 느껴지고, 손가락으로 집는 동작에 유리하다. 게다가 3가지 색을 식별할 수 있는 종은 이 특성을 번식 행동에 잘 활용한다(94쪽 '맨드릴개코원숭이 세계의 잘생긴 얼굴' 참조).

영장목 암컷의 자궁 유형은 단일자궁이다. 수정란(배아)이 자라는 '자궁'은 평활근과 점막으로 이루어져 있으며, 포유류(캥거루 등의 유대류 포함)의 자궁은 구조와 형태의 차이에 따라 5가지로 나뉜다.

💧 단일자궁(영장목, 익수목 등)
💧 쌍각자궁(유제류, 식육목, 소형 반추류, 기각류 등)(166쪽 '난산이어도 성장시켜서 낳는 이유', 172쪽 '다태동물의 놀라운 발상' 참조)

- 분열자궁(고래목, 대형 반추류 등)(170쪽 '고래는 왜인지 왼쪽에 임신한다' 참조)
- 중복자궁(설치류, 토끼, 코끼리, 개미핥기 등)(174쪽 '번식 능력이 높다는 말이 무슨 의미일까' 참조)
- 중복 질이 있는 중복자궁(유대류 등)

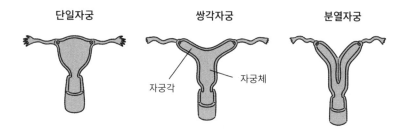

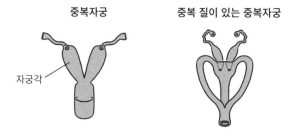

다섯 종류의 자궁 모식도

영장목의 단일자궁은 그림에서 보듯 태아가 성장하는 장소가 한 군데다. 다른 동물들처럼 자궁각이나 자궁체가 따로 구별되지 않는 가장 단순한 구조다. 한 번의 출산에 새끼 한 마리를 낳는 동물에게서 많이 관찰되는 자궁으로, 반드시 한 마리만 낳는 것은 아니며 인간처럼 쌍둥이나 그 이상이 태어나기도 한다. 이 부분은 '쌍둥이를 낳는 원리'에서 다시 설명한다.

하늘을 나는 포유류, '박쥐'

단일자궁을 가진 동물 중에는 박쥐도 있다. 하늘을 자유자재로 날아다니는 박쥐는 바다에 사는 포유류와 마찬가지로 포유류와는 연결점이 없어 보인다.

박쥐는 새처럼 깃털 달린 날개가 아니라 앞다리 피부를 변화시킨 피막(비막)을 활짝 펼쳐서 비행한다. 자궁이 있다는 특징만으로도 포유류에 속하며 정확하게는 포유동물강 익수목(박쥐목)으로 분류된다. 참고로 같은 포유류인 날다람쥐나 일본하늘다람쥐도 피막은 있지만 스스로 비행하지 않고 바람의 저항을 이용해 활공한다.

일본에 서식하는 박쥐는 약 35종으로 알려져 있는데, 초음파를 이용한 반향정위로 주변 상황을 파악해 먹잇감을 찾아낸다. 밤이 되면 공원이나 처마 밑에서 아주 빠른 속도로 날아다니는 검은 물체를 목격한 적이 있을 것이다.

어릴 때는 그 광경을 보고 정말 무서웠다. 비행은 새의 특권이다. 게다가 동요에 나오는 가사처럼 새들은 해가 저물면 산이나 둥지로 돌아간다. 밤이 되면 어두워서 잘 보이지 않기 때문이라는 정도가 내가 아는 전부였다.

나도 해 질 무렵까지 공원에서 놀아서 새와 같은 일과였다. 하루는 '새들도 저녁이라 집으로 돌아가니까 나도 집에 가야겠다' 싶어서 발길을 돌리는 순간, 유독 활발하게 날아다니는 동물이 눈에 들어왔다. 어린 시절 드라큘라가 소름 끼치게 무서웠는데, 드라큘라와 함께 등장하는 꺼림칙한 박쥐를 보고 온몸이 떨렸다.

반면 일본과 대만 등에서 박쥐는 귀하게 여겨지는 이로운 짐승이며 행운의 상징으로 사랑받기도 했다. 실제로 대만 남서쪽에 있는 타이난에 조사차 방문했을 때 박쥐를 모티브로 한 가문家紋과 부적이 집집마다 걸려 있었다. 집을 지켜주는 수호신으로 모신다고 한다. 게다가 박쥐는 귀엽게 생긴 종이 많아서 일러스트로 그려지거나 마스코트가 되어 엄청난 인기를 누리기도 한다.

사실 반향정위는 바다에 사는 이빨고래류도 이용한다. 그래서 어른이 된 지금은 익수목에게 친근감을 느낀다. 다만 익수목의 반향정위는 인간과 마찬가지로 성대에서 초음파를 내지만, 이빨고래류는 코 안쪽에 있는 성대를 활용한다는 점이 다르다.

영장류와 익수목은 왜 같은 자궁 유형을 선택했을까? 이는 진화 과정에서 저마다 획득한 형질일 뿐 명쾌하게 해석하기는 어렵다.

단일자궁은 다섯 종류의 자궁 구조 중 가장 단순하며, 기본적으로는 자궁에서 한 마리의 새끼만 성장시킨다는 전략은 동일하다. 단순하다는 단어 때문에 발상이나 전략이 부족해 보일 수 있지만, 오히려 단순하기 때문에 오랜 세월 동안 유지되었다고 해석할 수 있다.

지금은 인간과 같은 유형의 자궁을 가진 박쥐류에 대해 점점 친근감을 느낀다.

새끼를 성장시킨 후에 낳는 말

난산이어도 성장시켜서 새끼를 낳는 이유

말이 출산하는 장면을 처음 본 건 후지TV 시리즈 〈무츠고로와 유쾌한 동료들〉(1980~2001년 방영)에서였다. 당시 동물을 좋아하는 사람들에게 무츠고로는 선망의 대상으로, 나도 그런 사람 중 하나였다. 무츠고로는 동물 연구가이자 작가로도 활동했다. 그는 1960년대부터 동물에 관한 저서를 집필했으며, 홋카이도에 개장한 '무츠고로 동물 왕국'을 다룬 방송 프로그램은 뜨거운 반응을 일으켰다.

내가 TV에서 본 장면은 배 속의 새끼가 거꾸로 있어서 어미 말이 출산에 애를 먹는 것이었다. 무츠고로와 동물 왕국 직원들은 한치의 망설임 없이 어미 말의 질에 손을 넣어 새끼의 다리를 줄로 묶은 뒤 땀을 뻘뻘 흘리며 그 줄을 당겼다. 그렇게 세상 밖으로 나온 새끼가 필사적으로 일어서려는 모습을 보고 엄청나게 감동받았다. 어린아이였던 내 눈에는 기적 같은 광경이었다.

말의 임신 기간은 약 330일이고, 출산 시 새끼의 체중은 50킬로그램 정도다. 성인 여성의 체중에 가깝다. 이렇게 클 때까지 배 속에 품고 있으니 어미도 부담이 상당하다. 기제목에 속하는 말은 한 번의 출산으로 한 마리의 새끼만 낳는다. 말은 자궁에서 새끼를 최대한 많이 성장시킨 후에 출산하려 하기 때문에 넓은 공간이 확보되는 쌍각 자궁(160쪽 '인간과 같은 자궁을 가진 원숭이' 참조)을 가지고 있다. 포유류 중에는 이런 유형의 자궁이 가장 많다.

자궁의 좌우 양쪽에 뿔처럼 길어진 부분을 자궁각이라고 하는

자궁 안 말의 태아(왼쪽)와 인간의 태아(오른쪽)

데, 자궁각이 두 갈래라 쌍각자궁이라고 부른다. 자궁각이 있으면 태아의 발육 공간이 현격히 넓어진다. 따라서 영장목의 단일자궁보다 태아를 크게 성장시킬 수 있다.

쌍각자궁에서 태아가 자라는 경우, 좌우에 있는 2개의 자궁각 중 한쪽에 수정란이 착상해 발육하기 시작한다. 배란은 양쪽 난소에서 번갈아 일어나는데, 왼쪽 난소에서 배란된 난자가 수정되면 왼쪽 자궁각에 수정란이 착상해 배아가 자란다. 이때 다른 쪽 자궁각까지 태아를 성장시키는 태아막이 확장된다. 태아를 둘러싼 태아막은 태아의 영양 공급, 배설물 처리를 비롯하여 태아가 떠 있는 양수를 모아두는 공간을 확보하는 등 태아의 생명 유지 활동에 필수 불가결한 역할을 한다.

왜 이렇게까지 태아를 성장시켜서 낳으려고 할까? 말을 포함한 초식동물은 언제, 어디서든 육식동물에게 공격받을 위험이 있다. 그중 임신 및 출산 중인 암컷과 이제 막 태어난 신생아는 최적의 표적이다. 그래서 초식동물은 태어나자마자 바로 일어서서 모유를 먹고, 스스로 어미 뒤를 따라갈 수 있는 단계까지 새끼를 체내에서 발육시켜 출산하는 전략이 필요했다. 실제로 갓 태어난 새끼는 비틀거리면서도 필사적으로 어미를 쫓아간다. 이제 태어났는데 어미의 뒤를 따라갈 정도의 다리 힘과 지구력이 있다니 대단하다.

참고로 말의 배란은 여타의 포유류와 조금 달라서 흥미롭다. 일

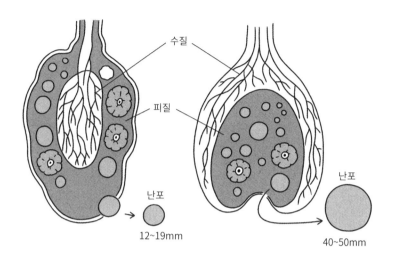

수질

피질

난포

12~19mm

난포

40~50mm

소(왼쪽)와 말(오른쪽)의 난소 차이

반적인 난소 구조는 바깥쪽이 피질이고 안쪽이 수질인 2중 구조다.
이 피질에 있는 난포가 발육할 때 배란이 일어난다. 그런데 말은 어
떤 영문에서인지 피질과 수질의 위치가 뒤바뀌어 피질이 안쪽에 있
다. 피질의 난포에서 다른 포유류 난포보다 훨씬 큰 난포가 발육하
고, 바깥쪽 수질에 있는 배란와에서 배란한다. 말이 왜 이런 특수한
구조인지는 아직 밝혀지지 않았다.

　난포의 크기를 비교해보면, 서러브레드종은 직경 약 40~50밀

리미터, 소는 약 12~19밀리미터, 인간은 약 20밀리미터다. 역시 말의 난포 크기가 파격적으로 크다는 것을 알 수 있다.

고래는 왜인지 왼쪽에 임신한다

경우제목으로 분류되는 고래목도 기본적으로 한 번에 한 마리(드물게 2마리)를 임신하고 출산한다. 대부분의 경우제목과 마찬가지로 자궁각이 2개인 자궁을 가지고 있다.

다만 좌우의 자궁각이 갈라지는 부분에 크고 명확한 자궁체가 있다는 차이가 있어서 해부학과 번식학에서는 쌍각자궁과 구분을 위해 분열자궁(160쪽 '인간과 같은 자궁을 가진 원숭이' 참조)이라고 부른다. 크고 명확한 자궁체가 있어 쌍각자궁에 비해 자궁각이 더 독립적인 형태다.

고래목도 다른 포유류처럼 양쪽 난소에서 번갈아 배란하며, 어떤 이유에서인지 왼쪽 자궁각에서 임신되는 경우가 더 많다. 말과 마찬가지로 태아를 감싸는 태아막은 왼쪽 자궁각까지 확장돼 태아의 성장에 기여한다.

왜 왼쪽 자궁의 임신이 많을까? 종은 다르지만 조류의 난관도 오른쪽이 더 일찍 퇴화해 왼쪽만 남는다. 아직 명확한 해석이 나오지 않았지만, 척추동물은 왼쪽 기능이 더 우위에 있다는 유전 법칙이라도 있는 건 아닐까 싶다.

고래들은 자궁에서 성장할 때부터 이리저리 머리를 굴린다. 고래가 바다에서 살기 위해 획득한 꼬리지느러미와 등지느러미는 이른바 '돌기물^物'이다. 이 지느러미가 선 채로 자궁 안에 있으면 성장하는 데 방해되기 때문에 접어서 몸통에 바짝 밀착시킨다. 그리고 태어나 처음 헤엄칠 때 지느러미가 펴지면서 우뚝 선다.

게다가 유선형의 길쭉한 몸을 자궁 모양에 맞춰 구부리고 있다 보니 몸 표면에 일정 간격의 주름이 생긴다. 인간 아이의 손목과 발목 피부가 접혀 생기는 주름과 닮았다. 이 주름을 배냇 주름fetal folds 이라고 한다. 생후 몇 달 동안은 주름이나 줄무늬 자국이 보여 신생아를 판별하는 기준도 된다.

한 번에 많이 낳는 토끼

다태동물의 놀라운 발상

개, 늑대, 여우 등 갯과 동물은 기본적으로 다태동물로, 한 번에 1~16마리 새끼를 낳는다. 이처럼 여러 마리를 동시에 출산하는 포유류 중에 쌍각자궁을 가진 종이 많다.

쌍각자궁은 말이나 고래처럼 커다란 태아 한 마리뿐 아니라 여러 태아를 동시에 키우기에도 적합하다. 그런데 문득 궁금해진다. 여러 개의 수정란(배아)이 자궁에 착상할 때 위치는 어떻게 정해질까?

사실 수정란들은 합의라도 한 것처럼 거의 일정한 간격으로 자궁에 착상한다. 대학교 수의산과학 수업에서 이 사실을 배웠을 때 무척 감동했다.

"너 말이야, 너무 가까우니까 좀 떨어져."

"앗, 나만 떨어졌어. 여기까지 영양분이 안 올 수도 있겠다."

이건 순전히 나의 망상이다. 태아들이 좋은 자리를 차지하기 위해 경쟁할 것 같지만 수정란 착상 단계에서 아주 완벽하고 질서정연하게 자리를 잡는다. 이 현상을 '간격 두기spacing'라고 한다. 수정란들은 화학물질을 분비해 서로 거리를 유지하도록 생리학적으로 프로그래밍돼 있다. 과연 생명의 신비다.

개 말고도 돼지, 고양이도 다태동물이며 종에 따라 10마리 내외

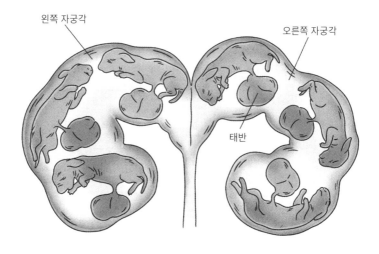

왼쪽 자궁각

오른쪽 자궁각

태반

간격 두기

의 새끼를 낳는다. 그래서 개와 마찬가지로 넓은 공간이 구비된 쌍각
자궁과 간격 두기 기능을 지니고 있다.

번식 능력이 높다는 말이 무슨 의미일까

토끼는 포유류 중에서도 번식 능력이 매우 높다. 애완동물로 키
우던 토끼 2마리가 불과 2년 만에 200마리 이상으로 번식했다는 뉴
스 기사를 본 적도 있다.

토끼목 암컷은 생후 반년이 되기 전에 임신이 가능하며, 15일 전
후의 발정기와 휴지기 1~2일을 1년 내내 반복한다. 교미 후에는 한
달 만에 새끼 4~8마리를 낳고, 출산 직후에 바로 교미해 임신하거나
임신 중에 또 임신하는 중복임신도 가능하다. 토끼목도 고양잇과처
럼 교미 시 자극을 가해 배란하는 교미 배란(136쪽 '고양잇과의 음경 전
략' 참조)을 하며 이 또한 번식 능력과 관련 있을지도 모른다.

토끼의 자궁은 중복자궁(160쪽 '인간과 같은 자궁을 가진 원숭이' 참
조) 유형으로 쌍각자궁(분열자궁)의 일종이다. 양쪽 자궁각이 분열자
궁보다 더 독립된 형태여서 2개의 자궁구(자궁경부)가 각각 따로 질
과 연결돼 있다. 자궁체는 없다.

새끼를 많이 낳는 생존 전략을 선택한 토끼목은 최대한 많은 수
정란을 착상하고 발육시키기 위해 길이가 긴 자궁이 필요했다는 설

도 있다. 토끼보다 더 많은 새끼를 낳는다고 알려진 쥣과 동물도 중복자궁이다.

생쥐는 설치목 쥣과 생쥐속의 일종이다. 성체의 몸길이는 약 5~9센티미터, 꼬리 길이는 4~8센티미터, 체중은 약 20그램으로 쥐 중에서도 작은 편이다. 야생종의 몸 색깔은 변이가 많아 흰색부터 다갈색, 검은색 등 다양하다.

생쥐의 임신 기간은 겨우 20일이다. 출산이 가능한 시기도 다른 동물보다 빠른 편이라 생후 10주쯤부터 임신이 가능하다. 한 번의 출산으로 6~10마리 새끼를 낳아 개체 수가 기하급수적으로 늘어난다.

번식 시기는 보통 봄과 가을이지만 사실 1년 내내 번식할 수 있다. 그래서 암컷은 태어나 죽을 때까지 인생, 아니, 쥐생의 대부분을 번식에 바치는 셈이다. 이는 생쥐의 생명이 굉장히 짧다는 특징과도 연결된다. 생쥐의 수명은 인간의 손을 탄 환경에서는 1~2년, 야생에서는 4개월 정도다. 암컷은 생명이 주어진 순간부터 수명이 다하는 순간까지 계속해서 새끼를 낳는다.

반면 코끼리나 개미핥기 등 한 번에 한 마리의 새끼를 낳는 동물 중에서도 중복자궁을 가진 동물이 있다.

쌍둥이를 낳는 원리

한 번에 새끼를 많이 낳는 동물은 넓은 공간이 확보되는 쌍각자궁(또는 이와 유사한 자궁)을 가지고 있고, 수정란은 자궁각에 일정한 간격을 두고 착상한다.

한편 인간처럼 단일자궁을 가진 동물도 쌍둥이, 세쌍둥이, 다섯쌍둥이 등을 낳기도 한다. 이런 경우 수정란은 어떻게 자궁에 착상해 배아가 자라날까?

인간의 쌍둥이는 크게 일란성과 이란성으로 나뉜다. 일란성은 난자 1개와 정자 1개에서 만들어진 수정란이 분열해 2개의 수정란이 된다. 유전자 정보가 100퍼센트 동일하고 배아의 성별과 혈액형도 똑같다. 수정란이 분열하는 시기에 따라 태반이나 태막 형태는 오른쪽 그림처럼 3가지 중 하나가 된다. 그와 달리 이란성은 2개의 난자에 각기 다른 정자가 수정해 2개의 수정란이 만들어진다. 수정란은 자궁에 따로따로 착상해 각자의 태반과 태막에서 성장한다(2융모막 2양막). 유전자는 평균적으로 50퍼센트가 동일하고, 태아의 성별과 혈액형은 같기도 하지만 다르기도 하다.

쌍둥이나 그 이상이 태어나는 경우, 다른 동물들과 마찬가지로 자궁에서는 간격 두기가 일어나는데, 이 과정에서 문제가 생기면 수정란이 착상하지 못하거나 유산의 원인이 될 수도 있다.

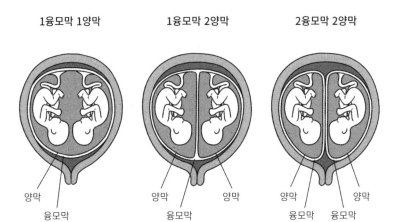

| 1융모막 1양막 | 1융모막 2양막 | 2융모막 2양막 |

양막 융모막　　　　양막 융모막 양막　　　　양막 융모막 융모막 양막

쌍둥이가 자라는 원리

인간은 다른 동물과 비교해보면 아이를 크게 성장시켜 낳는 것은 아니다. 인간의 신생아는 엄마를 쫓아갈 최소한의 다리 힘이나 체력도 없다. 그렇게 볼 때 열 달 열흘의 임신 기간은 꽤 길다.

인간은 왜 이런 전략을 세웠을까? 참 흥미롭다.

인간은 왜 출산이 어려울까

결합이 강한 태반의 이점

수정란이 자궁벽에 착상하면 자궁과 태아 사이에 태반이 생긴다. 태반이야말로 포유류가 획득한 형질 중 최대의 공적이자 오늘날의 번영을 누리게 해준 최고의 전략이라고 할 수 있다.

태반은 모체 자궁에서 유래한 막(기저탈락막)과 태아에서 유래한 막(융모융모막)의 결합으로 만들어져 태아의 생명 활동을 유지시킨다. 태반과 태아는 탯줄(요막관과 혈관의 집합체)로 이어져 있어 모체는 태아에게 영양분과 산소를 공급하고, 태아는 모체에 노폐물을 내보낸다.

탯줄의 흔적은 배 정중앙에 있는 배꼽에 남아 있다. 어렸을 때 배꼽을 내놓고 자다 할머니께서 "배꼽 좋아하는 천둥의 신이 네 배꼽 떼 갈라" 하고 겁을 주셨던 적이 있다.

단순한 호기심에 배꼽을 후비다 배가 아팠던 경험도 있을 것이다. 탯줄이 없어도 배꼽과 배 속은 연결돼 있기 때문에 배꼽에 자극을 주면 당연히 배 속으로도 자극이 전해진다.

배꼽과 연결돼 있던 태반은 자궁에서 성장하는 태아를 지탱하고 성장을 돕는다. 그리고 태반 자체에서 분비되는 호르몬은 임신을 정상적으로 유지시킨다. 태반은 구조에 따라 크게 반상태반, 대상태반(181쪽 '출산이 오래 걸리는 이유' 참조), 다태반(총모성 태반)(184쪽 '잘 떨

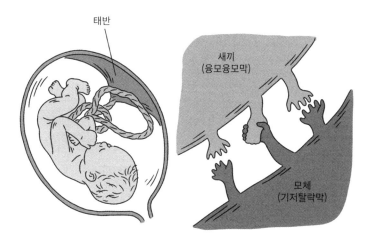

인간의 반상태반과 긴밀한 결합의 이미지

어지는 태반의 이점' 참조), 산재성 태반(186쪽 '바다에서는 역산이 순산이다' 참조)의 4가지로 나뉜다.

원숭이와 인간을 포함한 영장목의 태반은 반상태반이다. 반상 태반은 자궁에 둥그런 띠가 있다. 다른 태반에 비해 태아에게 좁지 만 어미와 태아의 결합은 가장 긴밀하다. 사실 모체에서 유래한 막 과 태아에서 유래한 막의 결합에도 5가지 유형이 있다. 인간을 포함 한 고등영장목의 피(모체 유래의 혈액)-융모융모막(태아 유래의 융모)의 결합은 가장 긴밀한 유형이어서, 임신 중 유산의 위험은 비교적 낮지 만 출산할 때 태반이 떨어지기까지 오래 걸리고 태반 박리로 인한 출 혈량도 많다. 모체의 혈액에 태아의 융모가 뒤얽혀 결합돼 있기 때문 이다.

반상태반의 경우 태반이 떨어질 때 자궁에 전해지는 부담이 매 우 크기 때문에 난산이 되는 경우도 많다. 이런 결합을 가진 동물의 어미와 새끼는 관계가 밀접하고 오랜 기간 육아하는 경향이 있다.

또한 반상태반을 가진 동물은 먹이사슬의 꼭대기에 있거나 사 회성이 높은 경우가 많아서, 난산으로 출혈이 심해도 동료들끼리 돕 고 지켜줄 수 있다. 출산에 따른 부담이 있지만 시간이 걸려도 태아 를 안전하게 키울 환경이 마련돼 있으므로, 결합이 긴밀한 태반을 유 지해 소수의 새끼를 낳아 키우는 전략을 선택했을 것이다.

의외로 새끼를 많이 낳는 쥐와 토끼도 반상태반을 지닌 가장 긴밀한 결합 유형이다. 그런데 쥐와 토끼도 외부의 적에게서 공격받기 쉬워서 출산에 시간을 많이 쏟을 수 없다. 출산하는 새끼 수가 많고 임신 기간이 짧은 번식 주기를 선택한 것을 보면 단시간에 태아를 효율적으로 성장시키기 위해 위험을 감수하고 태반과의 긴밀한 결합 유형을 선택한 것일지도 모른다.

출산이 오래 걸리는 이유

출산 시간이 비교적 긴 동물 중에는 개가 있다. 개의 태반은 반상태반 유형이고, 태막(장막, 양막, 요막으로 구성)의 중앙이 띠에 둘러싸여 있다. 이를테면 김밥의 밥을 감싸고 있는 김과 비슷하다.

반상태반은 개를 포함한 식육목에서 관찰되며, 띠 모양의 태반이 태아를 잘 붙잡고 있어 안전하게 성장한다. 순산 기원을 위해 '이누노히戌の日'(다산과 순산을 상징하는 개의 날. 일본에서는 임신 5개월째에 신사를 방문해 순산을 기원하는 의식을 올리고 임부용 복대를 받는다—옮긴이)에 신사에 가는 풍습은 안정적으로 임신 기간을 보내는 개의 기운을 받기 위해서다.

대신에 태반과 태아의 분리가 어려운 내피-융모막은 비교적 결합이 긴밀하기 때문에 출산하는 데 시간이 걸리고 출혈량도 많아 어미의 부담이 크다.

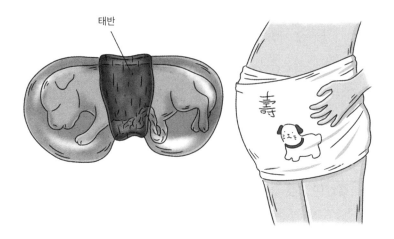

개의 반상태반과 복대

　이런 유형의 태반을 가진 식육목은 사자와 호랑이처럼 먹이사슬 꼭대기에 있는 동물이 많다. 덕분에 비교적 안전한 환경에서 임신과 출산을 할 수 있다.

　바다로 시선을 옮겨보자. 바다사자, 바다코끼리, 물범 등의 기각류와 듀공, 매너티 등의 바다소목도 반상태반이며 비교적 긴밀하게 결합한다. 이들도 고도의 사회성을 지닌 동물이어서 다소의 난산도 극복해낼 수 있는 동료와 환경이 갖춰져 있다.

　참고로 월경(생리적 발정과 관련 없이 주기적으로 배란하고 자궁내막이 박리하고 탈락하는 구조)을 하는 동물은 인간 외에 일부 영장목와 익수목에 국한돼 있다. 대부분의 동물은 월경이 없다.

고양잇과 동물의 교미 배란처럼 교미하는 순간에 배란하면 수정 성공률이 높아지지 않을까 싶다. 인간도 계절성 배란을 하면 매달 성가시게 고민하지 않아도 될 텐데 말이다.

그러나 인간은 매달 주기적으로 배란한다. 그 이유를 두고 여러 설이 있는데, 유전적으로 문제가 있는 수정란이 착상한 경우 자궁내막을 탈락시켜 도태시킬 수 있는 구조로 진화했다는 설이 가장 유력하다.

고대 그리스의 의사 히포크라테스는 월경은 건강을 유지하기 위해 체내 유해 물질을 배출하는 현상이라고 설명했다. 요즘은 월경혈에 사이토카인 등 다수의 염증성 물질이 있다는 것이 확인되면서 월경이 자궁과 그 주변에서 반복적으로 발생하는 생리적 염증 반응으로 여겨지고 있다.

월경은 더 우수한 수정란을 착상시키기 위해 진화하고 적응된 결과이며, 호르몬을 분비하는 여성의 신체를 건강하게 유지하는 데 꼭 필요하다고 할 수 있다.

돌고래는 거꾸로 나와야 순산

잘 떨어지는 태반의 이점

소를 비롯한 초식동물은 야생에서 경계를 늦추지 않지만 출산할 때는 불가피하게 적의 표적이 된다. 이때 흘리는 혈액과 양수의 냄새를 감지하고 사자나 하이에나가 다가오면 이제 막 태어난 신생아와 함께 죽기 십상이다.

그래서 대부분의 초식동물은 출산 직후 태반과 태막을 먹어 냄새를 지운다. 또 단시간에 쑥 출산할 수 있는 태반을 획득했다. 그중 하나가 '다태반'이다. 다태반은 소를 필두로 한 반추류에게서 관찰되는 태반으로, 태막에 70~100개 정도의 작은 태반이 분포돼 있다.

이 밖의 포유류는 태반이 하나로 연결된 구조여서 태반의 일부

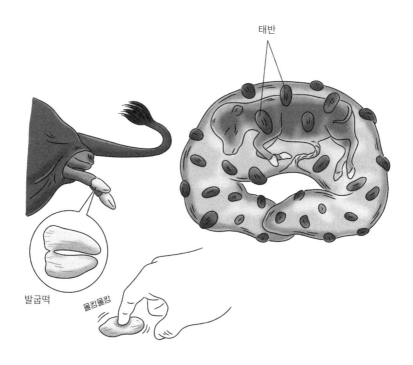

태반

발굽떡

몰킹몰킹

소의 다태반과 발굽떡

가 떨어지면 그 여파로 나머지도 떨어져 태아의 생명이 위험해진다.
그러나 다태반은 작고 독립된 태반이 여러 개 있기 때문에 출산 전에
몇 개쯤 떨어져 나가도 나머지가 보충해준다는 이점이 있다.

막상 출산이 임박하면 태반이 잘 떨어지도록 비교적 느슨하게
결합돼 있어서 오히려 어미의 부담이 적고 출혈과 냄새를 최대한 억

제하면서 출산할 수 있다.

발굽이 있는 유제류의 태아에게서도 기발한 발상을 엿볼 수 있다. 유제류의 발굽은 인간의 손톱과 거의 똑같은 성분이 응축돼 있어 매우 두툼하고, 강하고 단단하고 날카롭다.

이런 발굽이 모체 안에서 태아와 함께 성장하면 산도와 자궁은 상처투성이가 된다. 그래서 태아일 때는 발굽 끝이 부드러운데 이를 '발굽떡'이라고 부른다(우리나라에는 해당하는 공식 용어가 없다—감수자). 떡처럼 몰캉하여 쿠션 역할을 해서 새끼의 발굽이 모체에 상처를 입히지 않고 무사히 태어나게 해준다. 발굽떡은 말이 태어나 처음 걷기 시작할 때 떨어져 나가서 단단한 발굽이 드러난다.

이러한 섬세한 진화는 언제 완성됐을까? 무수한 실패 속에서 발견해낸 걸까? 알면 알수록 생물의 위대함을 실감한다.

바다에서는 역산이 순산이다

소와 같은 경우제목이지만 바다에 사는 고래목의 태아도 모체의 자궁에 형성된 태반에서 무럭무럭 자라나 마침내 수중에서 태어날 준비를 한다. 고래의 태반 유형은 태막 전체에 태반이 있는 산재성 태반이다. 말 등의 기제류, 여우원숭이과, 천산갑과, 작은사슴과, 일부 경우제목도 이런 태반을 가졌다. 비교적 큰 태아를 출산하는 종

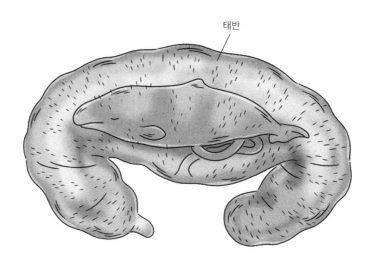

태반

고래의 산재성 태반

에게서 관찰되는 태반 유형이다. 수염고래류 등 대형 고래의 새끼는 어른 고래 몸길이의 3분의 1에서 4분의 1의 크기로 태어난다. 게다가 초식동물과 마찬가지로 모체와 태아의 결합이 비교적 느슨해 박리가 쉽고 단시간에 출산을 마친다.

수중에서 출산하는 포유류인 고래목은 육상의 포유류와 다르게 태어나자마자 호흡을 확보해야 한다. 새끼는 어미에게 칭얼대기도 전에 빨리 해수면 위로 올라가야 하는 것이다. 그래서 출산을 더빨리 끝내고, 새끼는 자력으로 헤엄칠 정도로 성장시켜 낳는다. 환경

조건에 적합한 태반 구조와 형태는 탁월한 선택이었다고 볼 수 있다.

고래의 새끼는 모두 역아로 태어난다. 일반적으로 포유류의 신생아는 머리부터 나온다. 큰 머리로 산도를 미리 넓혀놓아야 나머지 몸통도 수월하게 산도를 통과할 수 있기 때문이다. 새끼 고래는 수중에서 어미와 연결된 탯줄이 끊어진 순간 자력으로 호흡해야 하므로 최대한 빨리 해수면 위로 가야 한다. 그런데 머리는 물 밖으로 나왔는데 몸통이 뒤따라 나오지 못하는 상황이 발생하면 질식사한다. 이러한 위험을 줄이기 위해 고래는 꼬리부터 몸통의 절반 이상을 탯줄

돌고래의 역아 출산

이 끊어지기 직전까지 먼저 내보낸다. 실제로 고래가 출산하는 장면을 보면, 꼬리가 밖으로 나오자마자 새끼 고래가 꼬리지느러미를 세차게 흔들어 산도에서 빠져나오려고 애쓴다.

가장 큰 머리가 마지막에 나오니 산도에서 걸릴까 봐 걱정이 되지만, 유선형 체형이라는 진화를 거친 그들에게는 쓸데없는 걱정이었다. 쭈글쭈글한 새끼 고래가 세상에 나와 최초의 호흡을 하기 위해 어미의 도움을 받으며 수면 위로 아장아장 헤엄쳐 가는 모습을 보면 "힘내! 거의 다 왔어!"라고 절로 응원하게 된다.

고래목은 안전하게 새끼를 낳기 위해 수중에 최적화된 태반 구조와 결합 양식을 선택했다. 그에 비해 출산 후 어미와 새끼의 관계는 비교적 긴밀하며 오랜 시간 함께 행동하는 종이 많다. 조금 과장해서 말하면, 고래목은 좋은 점만 고루 챙겼다. 무사히 낳은 새끼와 원하는 만큼 함께 지낸다니 꿈같은 일이다. 과연 고래는 최고다.

태반은 아무튼 대단하다

어미 유래의 태반과 태아 유래의 막의 결합에는 5가지 유형이 있다고 설명했다(178쪽 '결합이 강한 태반의 이점' 참조). 어미와 새끼의 아리송한 관계성을 '먹느냐, 먹히느냐'의 관계에 빗대어 살펴보자.

육상에 사는 초식동물은 압도적으로 '잡아먹히는' 쪽이다. 적이 눈치채지 않도록, 들키지 않도록 살아갈 수밖에 없다. 그래서 출혈량이 적고 빠르게 출산하기 위해 결합을 느슨하게 만들고, 출산 직후에 새끼가 혼자 힘으로 일어설 힘이 생길 때까지 배 속에서 충분히 성장시켜서 낳는 것이다.

이러한 태반 구조와 결합 양식을 지닌 동물을 관찰해보면, 어미와 새끼의 관계도 비교적 담백하고 함께 보내는 시간도 짧다. 양육을 포기한다거나 냉정해서가 아니다. 어미가 하루 종일 돌봐야 할 만큼 새끼가 미숙한 상태로 태어나면 둘 다 위험해진다. 어미가 새끼에게 집중하는 사이에 습격당할 가능성도 있고, 새끼만 돌보느라 어미가 먹이를 먹지 못해 쇠약해지면 모유가 나오지 않아 결과적으로 둘 다 죽을 수도 있다.

그래서 일부러 담백한 관계를 선택한 것이다. 새끼만 적에게 당하더라도 잡아먹히는 쪽으로 사는 이상 어쩔 수 없는 일이다. 대신 어미가 살아남으면 또다시 새로운 생명을 잉태할 수 있다. 여기에는 모든 동물이 생존 경쟁에 놓여 있다는 자연계의 변치 않는 섭리만이 존재한다.

한편 태반의 결합이 긴밀한 인간을 포함한 고등영장목과 식육목은 어미와 새끼의 관계도 더 긴밀한 경향이 있다. '잡아먹는' 쪽에 속한 동물이 많고, 생태적 지위도 안정된 종이 많다. 그 결과, 어미는 새끼에게 애정을 쏟을 여유가 생겨서 함께 지내는 시간도 늘어났고 동료들이 이들을 보호해주는 사회성도 갖췄다.

번식을 둘러싼 전략은 생존 경쟁의 결과로 직결된다. 자궁과 태반의 구조부터 출산 그리고 어미와 새끼의 관계까지 모두 긴밀하게 연계돼 있다. 실로 눈부신 쾌거다.

포유류인데 알을 낳는 오리너구리

껍질째로 알을 낳고 젖을 먹인다

포유류이면서도 껍질이 있는 알을 낳는 동물이 있다. 오스트레일리아에 서식하는 단공목으로 분류되는 오리너구리가 그렇다.

오리너구리의 일본명은 한자로 鴨嘴(오리 부리—옮긴이)라고 쓴다. 오리처럼 넓은 주둥이가 재미나게 생겼다. 그런데 새의 주둥이와는 다르게 코밑에 있는 위턱뼈가 늘어나 케라틴화(인간의 손톱 성분)된 것이다. 솟과 동물의 동각과 같은 구조다.

물과 육지 양쪽에서 생활하며, 몸길이는 약 50센티미터에 몸통이 길고 다리는 짧으며 꼬리는 널따랗다. 네 발에는 물갈퀴가 발달했다. 주로 수중에서 먹이를 사냥하고 강가나 호수 등의 물가에 굴을 파서 생활한다. 번식기가 되면 2센티미터에 불과한 작은 알을 1~2개 낳아 품는다. 이 알은 조류나 파충류의 알처럼 탄산칼슘 등이 함유된 껍질이 있다. 알은 약 열흘 만에 부화해 새끼가 주둥이로 알을 깨고 나온다. 오리너구리는 젖꼭지가 없어서 새끼는 어미의 배 위로 이동해 유선에서 비지땀처럼 축축하게 배어 나오는 젖을 핥아먹는다. 이러한 특징에 의해 오리너구리는 엄연히 포유류로 분류된다.

또한 자궁은 있지만 껍질이 있는 알을 낳기 때문에 태반이 없다. 알 속의 배아는 난황과 연결돼 난황으로부터 영양분을 흡수하고 성

오리너구리

장하므로 난황이 바로 탯줄(배꼽)에 해당한다. 질로 연결되는 생식구는 배뇨구와 직장과 함께 하나의 구멍으로 모이는데, 이를 총배설강이라고 한다. 이런 특징 때문에 오리너구리 등을 포함하는 단공목이 독립적인 분류군으로 확립되었다.

알을 낳고 총배설강 구조가 있다는 특징은 조류와 파충류에게서도 관찰된다. 그래서 단공목은 포유류 중에서도 가장 원시적인 포유류인데, 그 독특한 생태와 몸 구조는 오늘날까지 유지되고 있다.

오리너구리의 구애 행동은 암컷이 굴을 파면서 시작된다. 굴이 완성되면 암컷은 수컷을 받아들일 준비를 마치고 이를 알아챈 수컷은 암컷에게 다가간다. 그러면 이제 쫓고 쫓기며 빙글빙글 돌고 도는 춤을 추기 시작한다. 이 춤은 수면뿐 아니라 육상에서도 이루어지며, 암컷이 수컷의 꼬리를 물면 공식적인 커플로 성립된다. 만약 이때 다른 수컷이 끼어들면 싸움이 격렬해진다. 이 싸움은 어느 한쪽이 물러서기 전까지 계속되는 경우가 많고, 승리한 수컷은 다시 암컷의 굴에 초대받아 짝을 짓는다고 한다. 굴에 정착한 수컷은 암컷의 등에 기어올라 꼬리를 둥글게 말고 교미를 시작한다.

해양 포유류도 독특한 진화를 일군 사례로 자주 언급되지만, 오리너구리는 독특한 생김새까지 더해서 해양 포유류를 앞선다. 그만큼 오리너구리의 진화와 적응은 독특하고 유일무이하다.

여담으로, 오스트레일리아에 조사를 위해 방문했을 때 단공목인 가시두더지(영어명 Echidna) 인형을 기념품으로 샀다. 그 이름에 걸맞게 뾰족한 고슴도치의 털에 두더지의 얼굴을 가진 기묘한 생김새였다.

　사실 포유류 연구자들 사이에는 단공목에 열광하는 숨은 팬들이 많다. 이토록 기묘한 생김새에 무려 2억 년 전의 생태를 그대로 유지하다니, 좋아하지 않을 수 없다.

암수 성별을 결정하는 2가지 요인

배 속에서 새끼의 성별은 어떻게 정해질까? 성별 결정 요인은 2가지라고 알려져 있다. 하나는 유전적 요인이고, 다른 하나는 환경적 요인이다. 때로는 2가지 요인이 같이 작용하는 경우도 있다.

인간을 포함한 대부분의 포유류는 유전적으로 성별이 결정된다. 이는 생물 교과서에도 나오는 염색체가 그 열쇠다. 염색체란 세포핵 속에 유전자 정보를 가진 구조를 가리킨다. 인간은 하나의 세포 안에 46개(23쌍)의 염색체가 존재하고, 이 중 2개의 성염색체가 성별을 결정하는 데 깊이 관여한다. X 염색체와 Y 염색체 중 Y 염색체는 수컷만 가지고 있다. 정자와 난자가 만나 수정할 때 X 염색체끼리 만나면 암컷(XX형)이 되고, X 염색체와 Y 염색체가 만나면 수컷(XY형)이 된다.

척추동물이나 속씨식물 중에는 성염색체에 영향을 받지 않고 성별이 정해지는 생물종도 있고, 자웅동체 생물종처럼 성염색체가 없는 분류군도 있다.

성별이 염색체에 의해 결정되는 인간의 경우, 46개 중 단 2개의 염색체의 조합에 따라 성별이 정해진다. 어떤 의미에서는 기적과 다름없는 사건이다.

환경적 요인이 성별 결정에 관여하는 대표적인 사례로는 파충류가 있다. 거북목, 악어목, 도마뱀류 등은 알이 부화하는 과정에서 주변 환경의 온도에 따라 성별이 정해진다(온도 의존성 성결정). 여기에서는 바다거북을 예로 설명하겠다.

바다거북류는 바다거북과와 장수거북과의 2과가 있고, 7종이 지구상에 살고 있다. 일본 주변에 서식하거나 회유하는 종은 5종이며, 이 중 일본 해안에 산란하는 종은 붉은바다거북, 푸른바다거북, 메부리바다거북이다. 나머지 2종인 장수거북과 올리브각시바다거북은 일본에서 산란하지 않는다. 참고로 일본은 세계적으로 유명한 붉은바다거북의 산란지로 북태평양 지역 중에는 유일하다.

바다거북의 이름에서도 알 수 있듯이 평소에는 바다에서 생활하지만, 폐로 호흡하기 때문에 바다에서 알을 부화하지 못한다. 그래서 산란 시기가 되면 해안가에 올라와 모래사장에 구덩이를 파서 한 번에 약 100개의 알을 낳는다.

약 2개월 후 알이 부화할 때 모래사장의 온도가 바다거북의 성별을 결정

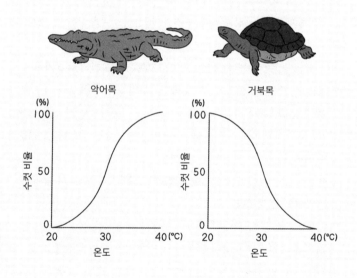

온도 변화에 따라 수컷이 태어나는 비율

197

한다. 약 29도일 때 수컷이 될 확률과 암컷이 될 확률이 반반이라서 이상적인 온도라고 한다. 29도를 넘으면 암컷 출산율이 높아지고, 29도를 밑돌면 수컷 출산율이 높아진다. 같은 파충류인데도 미시시피악어(미국 악어)는 이와 반대여서 고온에서는 수컷이 많이 태어나고, 저온에서는 암컷이 많이 태어난다.

문제는 지구 온난화다. 바다거북이나 악어처럼 주변 환경의 온도 변화에 따라 성별이 결정되는 경우, 지구 전체가 더워지면 어떤 종은 수컷만 태어나고 어떤 종은 암컷만 태어나 자손을 남길 수 없어서 난관에 봉착할 것이다.

이를테면 붉은바다거북의 경우에 최근 세계 각지에서 수컷보다 암컷이 더 많이 태어난다는 사실이 밝혀졌다. 즉 29도 이상 되는 해안이 많아졌다는 현실을 직접적으로 보여주는 것이다. 이 이상 온난화가 심해지면 뜨거운 모래로 알이 펄펄 끓다 죽거나, 정상적으로 부화할 수 없다. 지금 이 순간에도 지구 온난화는 거세지고 있다.

바다거북은 산란 중에 눈물을 흘린다. 고통에 눈물까지 흘려가며 산란한다고 여기는 사람도 있다. 사실 바다거북의 눈물은 체내의 염분 조절을 위해 눈물샘에서 염분을 배출한 것이다. 기본적으로 파충류 이상의 척추동물은 체내의 염분(전해질) 처리 여부가 굉장히 중요하다. 인간의 몸은 전해질 농도가 일정하게 유지되지 않으면 사망한다. 더우면 땀을 흘리는 이유는 체온과 전해질을 조절하기 위해서다. 그래서 땀이 짭조름한 맛이 나는 것이다.

바다거북류의 경우, 체내에 쌓인 염분을 눈물샘으로 배출해 체내의 염분 농도를 조절하고 항상성을 유지한다. 하지만 이렇게 눈물을 흘리는 이유를 알고 있어도, 산란하는 바다거북이 보여주는 눈물에 다시금 깊이 감동받는다.

5장

새끼 코끼리는 웃는다

새끼의 생존 전략

살아라!
살아라!
살아라!

태반과 함께 포유류의 가장 큰 특징이라면 출산 후 암컷이 모유로 새끼를 키우는 포유 행동이다. 포유류를 포유류답게 만드는 특징이라 해도 과언이 아니다.

모유에는 새끼의 성장에 필수적인 모든 물질이 함유돼 있다. 에너지원이 되는 단백질, 지방, 탄수화물의 3대 영양소를 비롯해 세균이나 바이러스 같은 미생물을 물리칠 면역 성분, 소화관 장벽 기능을 강화하는 성분, 장내세균을 늘리는 성분 외에도 뇌의 성장을 촉진하는 성분도 들어 있다. 모유 성분은 동일하지 않으며, 종에 따라 크게 달라진다. 새끼의 성장 단계와 생육 환경에 따라 변화하고 그때그때 필요한 영양분을 공급한다.

젖을 생성하는 유선은 털의 부속샘에 있는 피지선(기름을 분비하는 샘)에서 유래한다. 새끼에게 필요한 마법의 액체를 생성하는 암컷은 대단하기 그지없다. 안타깝게도 수컷은 아무리 노력해도 이룰 수 없는 영역이다.

인간은 임신과 출산, 육아에 이르기까지 엄마와 아이는 주변의 도움을 받을 수 있다. 그러나 인간 이외의 포유류는 기본적으로 어미 혼자 출산하고 육아한다. 오롯이 혼자 감당해내는 독박 육아다. 그래서 어미뿐 아니라 새끼도 바깥세상에 나온 순간부터 이미 다양한 생존 기술을 알고 있다. 어떻게 모유를 먹는지, 어떻게 외부의 적으로부터 몸을 숨기는지, 심지어 부모에게 보호받는 전략까지 말이다.

구애를 위해 계속해서 전략을 짜는 수컷, 더 우수한 수컷의 유전자를 냉철하게 고르는 암컷이 만나 교미하고 새로운 생명이 태어난다. 그러나 여기서 끝이 아니다. 새끼가 무사히 커서 생명을 계승할 때 비로소 목적이 달성된다.

구애부터 번식에 이르는 과정의 종착지이자, 지금까지의 발상과 노력이 집대성된 결과가 바로 새끼의 생존 전략이다.

코끼리는 웃는다

코끼리는 입으로 모유를 먹는다

코끼리의 임신 기간은 굉장히 길다. 교미 후 약 2년 동안 태아를 키워 약 100킬로그램의 새끼 한 마리를 낳는다.

코끼리의 젖꼭지는 앞다리 겨드랑이 아래(액와)에 좌우 한 쌍이 달려 있다. 이제 막 세상에 나온 새끼는 다른 초식동물처럼 혼자 힘으로 일어서서 1미터 높이에 있는 어미의 젖꼭지를 문다.

코끼리는 물이나 좋아하는 과일을 먹을 때는 긴 코를 이용해 입으로 옮기지만, 모유를 먹을 때만큼은 코를 사용하지 않고 어미의 젖을 입으로 물고 빤다. 즉 얼굴근육(표정근) 중 볼과 입술 근육을 활용해 먹는 것이다. 이것이야말로 포유류라는 증거다.

육상동물 중 가장 몸집이 큰 부류에 속하는 코끼리라고 해도 갓 태어난 새끼는 육식동물의 표적이 되기 쉽다. 그래서 다른 초식동물들처럼 위험을 감지하면 즉각 대응할 수 있도록 어미도 새끼도 선 채로 수유한다. 사자나 호랑이처럼 몸을 눕혀서 마음 편히 수유할 여유는 없다.

코끼리의 모유에도 3대 영양소(단백질, 지방, 탄수화물)와 면역 성분이 함유돼 있다. 영양 가득한 모유를 먹은 새끼는 하루에 약 1킬로그램씩 성장한다.

모유의 성분은 새끼가 젖을 떼기 전까지 3년 동안 3~4차례 바뀐다고 알려져 있다. 새끼의 성장에 맞춰 어미는 섭취하는 음식을 바꿔가며 모유의 성분을 조절한다. 초반에는 바로 영양분으로 쓰이는 단백질이 많고, 면역 성분도 풍부하다. 점차 성장하면서 지구력이 높아지는 탄수화물과 지방의 비율이 늘어나고, 비타민 종류도 들어간다.

일반적으로 포유류는 유선(212쪽 '포유류의 젖꼭지는 원래 14개?' 참조)에 따라 복부의 꼬리 쪽에 젖꼭지가 있는 종이 많다. 그에 비해 코끼리의 젖꼭지는 겨드랑이 아래에 있다. 이는 아프리카에 기원을 둔 초식성 동물 아프로테리아상목의 공통된 특징이다(뒤에서 소개할 듀공도 아프로테리아상목에 속하고, 겨드랑이 아래에 젖꼭지가 있다). 다시 말해 아프리카를 기원에 둔 공통 조상은 본래 겨드랑이 아래에 젖꼭지가 있었고, 코끼리와 듀공이 이 형질을 계승했다는 것이다.

코끼리와 사슴의 수유 차이

인간도 다른 포유류와는 다르게 유선상이라고는 하지만 흉부에 유방이 있다. 게다가 임신, 출산, 수유 경험을 하기도 전에 가슴이 볼록 나온 것은 생물학적으로 유례없는 생리 현상으로, 인간 암컷의 성적 유혹 요소 중 하나라고 알려져 있다.

웃고 있는 포유류, 웃을 수 없는 파충류

개나 고양이와 함께 살다 보면 "지금 기분 좋아 보여. 웃고 있네"라거나 "기분이 좋지 않나 봐"라는 식으로 표정에서 감정을 읽어낼 수 있다. 얼굴근육이 있기 때문이다.

얼굴근육은 이름 그대로 표정을 지을 때 쓰는 근육이지만 본래의 역할은 따로 있다. 포유류 이외의 척추동물도 얼굴근육의 기원이 되는 근육이 있다. 어류로 치면 하관을 통제하는 근육이고, 양서류, 파충류, 조류로 치면 목 부분에 있는 괄약을 담당하는 근육으로 얼굴근육의 전신이 된다. 포유류는 진화 과정에서 이 근육이 얼굴로 이동해 볼과 입술을 움직일 수 있게 되었다.

또 포유류는 볼과 입술의 근육을 사용해 빨아들이는 행위가 가능해졌다. 즉 포유류의 얼굴근육이 지닌 근본적인 의의는 젖꼭지를 빨아 젖을 먹는 데 있다. 임신 중인 어미는 피지선에서 파생된 유선에서 젖을 생성하고, 새끼는 젖을 빨아 먹기 위해 어미 배 속에서부

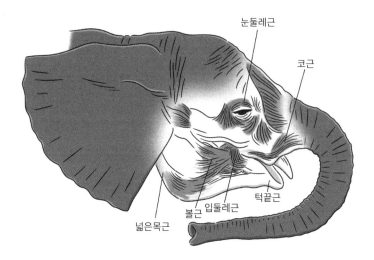

코끼리의 얼굴근육

터 머리 부분에 얼굴근육을 만든다. 그래서 포유류의 새끼는 태어나자마자 젖꼭지를 물고 모유를 빨 수 있다. 얼굴근육에 있는 30개 이상의 근육 중에 젖을 먹는 데 쓰이는 주요 근육은 볼근과 입둘레근의 2가지다. 이렇듯 얼굴근육은 포유류를 포유류답게 해주는 주요 특징이다.

한편 어류, 양서류, 파충류, 조류는 모유로 새끼를 키우지 않기 때문에 이러한 근육은 하관이나 목 부분 등 다른 부위의 움직임에 활용한다. 해부학적으로 표정을 만들 수 없다는 이야기다.

내가 근무하는 국립과학박물관에 뱀을 귀여워하는 직원이 있다. 집에서 키우는 옥수수뱀의 이름은 마틸다로, 흰색 바탕에 핑크색 반점이 귀엽다.

그 직원은 종종 "우리 마틸다는 절 보고 맨날 웃어요"라며 신이 나서 떠들곤 한다. 나도 우리 집 고양이들이 한없이 사랑스러워서 그 마음을 잘 안다. 하지만 과학자로서는 파충류인 마틸다가 웃을 리 없다는 건 잘 알고 있다. 그래도 그 친구 눈에 그렇게 보였다면 그런 게 아닐까 싶어서 다함께 웃으며 이야기한다.

새끼를 안고 수유하는 듀공

인어 전설의 기원

듀공은 인도양 오스트레일리아 북부부터 동남아시아에 있는 필리핀 그리고 최북단 서식지인 일본 오키나와 인근의 바다에 서식하는 해양 포유류다. 바다에 사는 포유류 중 유일한 초식성 바다소목으로, 코끼리처럼 아프리카에 기원을 둔 아프로테리아상목으로 분류된다. 몸길이는 약 3미터에 체중은 약 500킬로그램이다.

코끼리와 마찬가지로 젖꼭지는 앞다리의 겨드랑이 아래에 좌우 한 쌍이 있다. 듀공도 오랜 세월에 걸쳐 물속 생활에 적응한 해양 포유류다. 앞다리는 지느러미(가슴지느러미)로 변해 헤엄칠 때 방향타와 추진력을 담당하고, 앞다리와 겨드랑이 사이에 비교적 크고 또렷하게 젖꼭지가 있다.

듀공은 13~15개월의 임신 기간을 거친 후에 한 마리의 새끼를 출산하고 1년 반 동안 수유한다. 막 태어난 새끼는 체중 약 30킬로그램에 몸길이는 1미터 전후다.

새끼가 아직 어린 시기에 어미는 물속에서 몸을 절반만 세워 양쪽 가슴지느러미로 새끼를 안은 듯한 자세로 수유한다. 상반신은 인간이 수유하는 것처럼 보이는데 하반신은 물고기 같은 지느러미에 유선형이라, 서양에서는 인어 전설 기원이 되었다고 한다.

듀공도 포유류이니 어미가 젖을 주고 새끼가 빨아 먹는 모습이 인간과 닮았다고 해도 놀라운 일은 아니다. 어느 정도 성장한 새끼 듀공은 부모의 가슴 언저리나 조금 뒤에서 헤엄치면서 스스로 젖을 먹는다.

바다소목은 바다에서 자라는 (해조가 아니라) 해초를 좋아한다. 그 결과, 먹이의 다양성을 넓히지 못해 지금은 전 세계에 4종(듀공 1종과 매너티 3종)만 존재한다. 해조는 포자로 번식하는 조류藻類에 속하는데, 현재도 논의가 분분해 식물로 보지 않는 경우가 많다.

바다소목이 좋아하는 해초는 포자식물로 분류되므로 꽃이 피고 열매가 열려 번식한다. 듀공이 좋아하는 해초는 해호말이다.

해조와 해초에는 셀룰로스(섬유질)가 풍부해 포유류는 소화할 수 없다. 초식동물은 위와 장에 공생하는 세균이 셀룰로스를 분해해

영양분으로 흡수한다. 포유류로서는 분해하기 까다롭지만, 초식동물은 주식으로 먹는다.

포자식물인 해초는 엽록체와 광합성으로 번식한다. 그래서 햇빛이 닿는 수심이 얕은 연안에서만 자란다. 해초를 좋아하는 바다소목도 해초가 있는 장소에 살아야 하므로 전 세계적으로 종족 번영이 어려워졌다.

듀공이 사는 연안은 인간 사회의 영향을 고스란히 받는다. 안타깝게도 오키나와의 듀공처럼 개체 수가 급격히 줄어든 지역도 있다.

포유류의 젖꼭지는 원래 14개?

포유류는 잠재적으로 젖꼭지를 7쌍, 즉 14개까지 만들 수 있다. 진화 과정에서 젖꼭지의 개수, 위치, 형태, 배열 등은 종에 따라 바뀌었다.

인간은 앞가슴 좌우에 한 쌍의 유방과 젖꼭지가 있다. 왜 이런 형태가 되었을까? 인간은 기본적으로 한 번의 출산으로 한 명의 아이를 낳아 키운다. 게다가 이족보행으로 앞발이 이동 수단 역할에서 해방되면서 물건을 집는 동작 외에도 두 팔로 아이를 안고 수유할 수 있게 되었다. 이에 발맞춰 흉부에 한 쌍의 유방을 발달시켜 수유할 수 있도록 진화한 것으로 보인다.

사실 유방(유선)이나 젖꼭지는 과장을 다소 보태 어디든 생길 수 있다. 수정 후 7주 차에 유방능선이라는 두툼한 상피성 능선이 좌우 겨드랑이와 치골을 연결하는 선을 따라 발달한다. 그리고 태아가 생기면 흉부의 젖꼭지 한 쌍만 남기고 나머지는 사라진다. 하지만 유선에 자극을 주면 유선이 지나가는 부위에 한해 어디든 유방, 젖꼭지, 유선이 발생한다. 이렇게 생긴 젖꼭지를 '부유'라고 한다.

인간의 부유는 겨드랑이나 흉부의 젖꼭지 바로 밑에 생기는 경우가 많고, 젖꼭지만 있거나 유선 조직까지 생기기도 한다. 부유는

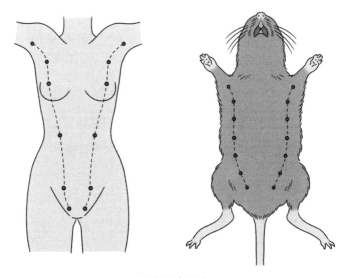

포유류의 유선

여러 개 생길 수도 있고 수컷에게 생길 수도 있다. 부유가 생기는 이유는 태아기의 유전자 변이 또는 호르몬 변화 때문이다. 여성의 경우 임신 및 출산을 하면 부유에서 모유가 분비되는 경우도 있다.

인간을 제외한 포유류는 유선을 따라 소는 4개(2쌍), 말은 6개(3쌍), 고양이는 8개(4쌍), 개는 10개(5쌍), 돼지는 14개(7쌍) 그리고 마다가스카르에 사는 마다가스카르고슴도치붙이는 무려 29개의 젖꼭지가 생긴다.

당연하지만 새끼를 많이 낳을수록 젖꼭지 수가 많다. 인간과 마찬가지로 수컷에게도 젖꼭지나 유선 조직이 있는 종은 많지만 암컷만큼 발달하지는 않는다. 유선이나 젖꼭지를 자극하는 유전자는 암수 성별이 정해지기 전에 발달하기 때문에 수컷이어도 젖꼭지나 희미한 유선 구조를 가진 종이 있다.

그러나 이후의 발달 단계에서는 성 호르몬의 영향력이 크기 때문에 더는 발달하지 않는다. 수컷이 젖꼭지를 가지고 있는 이유에 대해서는 아직 동물마다 요인이 다른 것 같다고 이해할 뿐이다.

새끼 돼지의 생존 경쟁

새끼를 많이 낳는 동물은 젖꼭지 개수도 많다. 돼지가 대표적인 예다. 돼지는 고래나 소처럼 경우제목으로 분류되는 멧돼짓과 포유류지만, 한 번에 10~16마리 새끼를 낳으며 유두는 유선을 따라 대개 7쌍(5~9쌍)이 좌우대칭으로 있다.

어미 돼지가 수유하려고 옆으로 누우면 새끼 돼지들이 우르르 몰려와 젖꼭지 쟁탈전이 시작된다. 7쌍의 젖꼭지 중 어떤 새끼가 어느 젖꼭지를 빨아 먹을지는 태어나고 3일이면 서열로 정해진다. 몸집이 크고 강한 개체가 젖이 잘 나오는 젖꼭지를 차지하는 걸 보면 생존 경쟁은 이미 시작된 셈이다.

젖꼭지 개수보다 새끼가 더 많이 태어나면 젖꼭지를 물지 못하는 새끼가 생긴다. 자기 몫을 차지하지 못한 새끼는 생존이 어렵다. 냉혹한 세계다.

한편 10마리 이상의 새끼가 맹렬한 기세로 모유를 먹기 때문에 어미의 부담은 엄청나다. 그래서 젖꼭지를 물지 못한 새끼가 있어도 어미는 특별히 도와주지 않고 새끼들이 알아서 하게끔 내버려둔다.

어미 돼지는 수유할 때 독특한 울음소리로 새끼들을 부른다. 새끼들도 어미의 울음소리를 식별하는지 다른 어미 돼지의 울음소리에는 반응하지 않는다.

돼지는 고도의 사회성과 왕성한 호기심을 지녔고, 6~30마리 정도 무리 지어 모계사회를 이룬다. 또래의 새끼 돼지들은 서로 협력하며 성장한다.

어미가 다음번에 발정하면 새끼들은 젖을 뗀다. 신생아 때는

1킬로그램 남짓이던 체중이 반년 사이에 100킬로그램이 넘을 정도로 쑥쑥 자란다.

사람들은 어떤 이유에서인지 돼지라면 더럽다고 여긴다. 하지만 돼지는 알 만한 사람은 다 아는 깔끔쟁이다. 돼지우리가 조금만 지저분해도 바로 몸 상태가 나빠지고, 후각도 뛰어나 냄새에도 민감하다.

대학생 때 돼지 사육 실습을 했는데, 누가 먹이를 줄지 정확하게 판단할 정도로 똑똑했다. 그래서 먹이를 들고 있으면 발밑으로 와 몸을 비비대고 빨리 달라고 보채는 것이 정말 귀여웠다. 어떤 의미로는 살아가는 방법을 잘 터득한 아주 영리한 동물이다.

고래의 혀에 보이는 장식

물속에서도 모유 먹기가 쉽다

듀공과 마찬가지로 평생을 바다에서 사는 고래도 젖꼭지가 있다. 박물관 관람객에게, 또는 대학 강의에서 고래도 젖꼭지가 있다고 말하면 대부분 놀라다 못 해 어리둥절해한다. 처음에는 이런 반응이 당혹스러웠다. 아마 일반적으로는 고래가 포유류인 걸 알아도 바다에서 임신하고 출산하고 수유하는 장면까지는 미처 상상하지 못할 수도 있다.

고래의 젖꼭지는 '매몰형'이어서 육상의 포유류처럼 부풀거나 돌출돼 있지 않다. 복부의 생식공 옆에 있는 주름살 안에 한 쌍의 젖꼭지가 숨어 있다. 그러나 젖을 분비하는 동안은 젖꼭지부터 배꼽 부위까지 유선이 띠 형태로 발달하기 때문에 주름살이 볼록해지거나 그 안의 젖꼭지가 보이기도 한다.

그런데 바다에서 정말로 수유할 수 있을까? 어미 고래도, 갓 태어난 새끼도 같이 헤엄치면서 주기적으로 호흡도 해야 하고 휴식도 취해야 하는데 말이다.

고래는 입이 주둥이처럼 튀어나온 종이 많아서 젖을 먹기가 힘들어 보인다. 특히 수염고래류는 새끼도 입안에 수염판(30쪽 '청각에서 힌트를 얻은 혹등고래' 참조)이 있어서 더 힘들 것 같다.

그러나 나의 노파심이 무색해질 만큼 고래는 완벽한 전략을 세워놓았다. 새끼 고래의 혀 가장자리는 까끌까끌하고 프린지 모양(꼬불꼬불한 주름)이다. 이를 모서리유두边緣乳頭, papillae marginales라고 한다. 인간, 개, 고양이, 돼지에게서도 관찰되지만 고래목에게서 특히 잘 보인다.

모서리유두는 혀의 구성 요소인 설유두(혀에 난 작은 돌기―옮긴이) 중 하나로, 이밖에 용상유두(버섯 모양을 닮아 붙은 이름이다)와 사상유두 등도 있다. 모서리유두는 음식을 먹을 때 혀로 음식을 움직이기 쉽게 하고, 신경과 직결돼 있어 혀의 지각과 촉각을 담당한다. 고양이를 키우면 잘 알겠지만, 고양이의 혀는 아주 까끌까끌하다. 이는 설유두 중 하나인 사상유두의 촉감이다.

나도 고양이를 키우는데, 고양이는 얼굴을 핥아주며 애정 표현

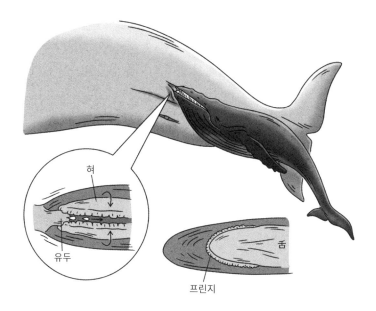

고래의 수유와 혀의 프린지

을 한다. 아프고 따끔거리는 데다 꺼끌꺼끌해서 피부도 뒤집힌다. 이
것이 사상유두의 위력이다.

　　고래의 모서리유두는 혀가 유두에 잘 감기도록 도와주는 역할
을 하는 것으로 보인다. 처음에는 왜 혀에 주름이 잡혀 있는지 알 수
없었다. 하지만 조사해본 결과, 젖을 뗀 개체의 혀에는 주름이 없었
다. 즉 새끼가 스스로 먹이를 먹을 수 있을 만큼 자라면 저절로 사라

진다는 점에서 모유를 먹을 때 쓰인다는 사실이 밝혀진 것이다.

수염고래류 중 젖을 먹는 중인 개체는 젖을 뗀 이후와 비교했을 때 수염판의 입가 길이가 짧아서 입에서 혀를 넣고 빼기가 쉽다. 수염고래의 수유 장면을 보면 새끼 고래가 요령껏 모유를 먹는 것을 알 수 있다.

바다에 사는 포유류인 물범이나 바다사자 등의 기각류의 혀끝은 두 갈래로 갈라져 있어 젖을 먹을 때 편하다. 하지만 대부분의 기각류는 성체가 된 이후에도 이 구조가 그대로 남아 있어 먹이를 섭취할 때도 활용한다.

개, 고양이, 돼지, 인간의 혀에도 모유를 먹기 쉽게 도와주는 프린지가 있지만, 개, 고양이, 기각류의 혀끝은 갈라져 있거나 주름이 작아서 고래에 비해 눈에 띄지 않는 구조다.

젖꼭지를 물면 떼지 않는 캥거루

캥거루의 기발한 발명

　오스트레일리아를 중심으로 서식하는 캥거루는 엄밀히 말하면 포유류이지만, 유태반류가 아니라 유대류로 분류된다. 유대류란 암컷의 배 속에 육아낭이 있는 동물을 일컫는다. 주머니 모양의 육아낭은 미숙아 상태의 캥거루를 성장시키는 인큐베이터 기능을 하며, 이 안에는 4개의 젖꼭지가 달려 있다.

　캥거루는 한 번의 출산으로 한 마리의 새끼를 낳고, 임신 기간은 수정란 착상부터 한 달로 짧은 편이다. 태어난 새끼는 불과 2센티미터도 되지 않는 슈퍼 미숙아인 데다 눈도 보이지 않는다. 그런데도 자궁에서 나오면 어떻게든 육아낭까지 이동한다. 육아낭에는 생명선과 다름없는 젖꼭지가 있어서 스스로 젖꼭지를 찾아내 빨아 먹는다. 그러면 젖꼭지가 부풀어 올라 입에서 잘 빠지지 않고 고정되어 새끼는 젖꼭지를 문 채로 성장한다.

캥거루는 일반적인 포유류와 다르게 태반이 형성되지 않아 자궁에서 새끼를 성장시킬 수 없다. 그래서 이른 시기에 자궁과는 다른 육아낭에서 모유를 먹여 새끼를 키우는 전략으로 진화했다.

새끼에게 육아낭까지 가는 여정은 다소 험난하지만, 어미가 몸

육아낭

캥거루의 육아낭

을 핥아주며 침 속에 있는 냄새 물질로 젖꼭지까지 유도한다. 일단 젖꼭지를 빨기만 하면 안전한 주머니 안에서 모유를 먹고 자라난다.

게다가 육아낭에 있어서 어미와 함께 이동할 수 있고 외부의 적에게 공격당할 걱정도 없다. 이것이 육아낭의 가장 큰 이점이다. 코끼리나 기린의 새끼처럼 끊임없이 천적의 동태를 살피고 조급하게 모유를 먹이지 않아도 된다. 어미 캥거루도 태반을 만들거나 몸집이 큰 새끼를 낳아야 하는 부담이 없고, 출산이나 수유 때도 위험에 노출될 위험이 줄어든다.

출산하고 반년 정도 지나면 털이 자라난 새끼가 주머니 밖으로 얼굴을 내미는 등 바깥세상으로 나갈 기회가 늘어난다. 처음에는 나갔다가 들어오지만, 주머니낭에 머리만 넣어 모유를 먹는 일도 종종 있다. 1년이 채 되기 전 육아낭에서 완전히 독립하기까지 대형 캥거루의 경우 2미터까지 몸이 커진다.

여담이지만, 오스트레일리아의 남쪽 도시 애들레이드에 있는 사우스오스트레일리아박물관에 조사차 방문했을 때, 애들레이드의 남서쪽에 있는 캥거루 섬에 갈 기회가 생겼다. 사우스오스트레일리아박물관의 학예사이자 고래 연구자인 캐스 캠퍼가 안내해주었다. 캥거루 섬은 애들레이드 항구에서 배를 타고 45분 정도 가면 도착한다. 섬의 이름처럼 캥거루가 많은 곳이었지만, 사실은 실 베이에 사는 야생 오스트레일리아바다사자를 관찰하고 싶은 마음에 방문했다.

섬에 도착했을 때 정말 놀랐다. 온통 캥거루 천지였다. 게다가 인어 자세로 누워서 매서운 눈초리로 우리를 뚫어지게 보았다. 동물 원에서 본 캥거루와는 딴판이어서 무섭기까지 했다. 정신을 차리고 숙소로 이동하려고 차에 올라탔다. 그리고 차가 출발하자 캥거루들도 뒤따라오기 시작했다. 그것도 엄청난 속도였다. 시속 40킬로미터로 속도를 올려도 여유롭게 쫓아왔다. 배 속에 새끼가 있는 개체까지 수십 마리가 뒤따라오는데도 캠퍼는 태연하게 운전했다.

엄청난 곳에 왔다는 생각이 들어서 조금 불안해졌다. 그러나 캥거루들이 질렸는지 점점 시야에서 멀어졌고 무사할 수 있었다. 오스트레일리아 사람들과 캥거루의 거리감에 충격을 받았다.

다음 날에는 고대하던 야생 오스트레일리아바다사자를 여한 없이 관찰하여 굉장히 만족스러운 여행이었다.

기린은 물범의 모유로
자랄 수 없다

고지방 모유로 자라는 물범

물범과는 지구상에 19종 있다고 알려져 있으며, 일본에는 점박이물범, 잔점박이물범, 고리무늬물범, 턱수염물범, 띠무늬물범의 5종이 서식하거나 회유한다. 물범의 젖꼭지는 배꼽 아래에 한 쌍이 있는 종이 많고, 턱수염물범처럼 젖꼭지가 2쌍인 종도 있다. 일반적으로 물속이 아닌 육상 또는 빙판에서 새끼를 키우고 수유한다.

북대서양이나 북극해에 서식하는 두건물범은 4일 만에 수유를 끝낸다. 포유류 중 최단 기간인데, 범고래와 북극곰 등의 공격을 피하기 위해서인 것으로 보인다. 막 태어난 새끼의 몸에서는 강한 냄새가 나기 때문에 적의 표적이 되기 쉽다. 어미와 함께 있으면 둘 다 공격당해 죽을 가능성이 높아진다. 차라리 일찍 헤어져 생존 확률을 높이겠다는 전략이다.

육아를 포기한 것처럼 보이지만, 야생에서 살아간다는 건 이런 것이다. 암컷의 최대 임무가 자손을 남기는 일이라면 새끼가 목숨을 잃더라도 어미는 또다시 임신해 새끼를 낳을 수 있을 것이다. 실제로 암컷 두건물범은 수유를 끝내자마자 바로 발정한다. 그래서 수유 중인 어미 주변에는 다음 교미 기회를 잡으려는 수컷이 대기하는 경우도 적지 않다.

어미는 젖을 일찍 떼는 대신 지방분이 60퍼센트나 되는 고지방 모유를 먹여 함께 지내는 4일 동안 새끼의 체중을 20킬로그램에서 40킬로그램으로 갑절로 늘린다. 고지방 모유로 피하지방을 폭발적으로 늘리는 것이다. 이것이 짧은 시간밖에 함께할 수 없는 어미가 새끼에게 해줄 수 있는 전부다.

지방분이 60퍼센트 이상 함유된 모유는 다른 종에서는 찾아볼 수 없다. 소젖의 지방분은 약 10퍼센트이고, 치즈는 25퍼센트, 버터는 80퍼센트인 걸 감안하면 액체로 된 버터를 먹는 것과 다름없다. 이 정도면 살이 찌고도 남는다.

두건물범은 북서대서양이나 북극해의 빙판 위에서 새끼를 낳기 때문에, 새끼에게 피하지방은 영양원이자 추운 환경에서 체온을 유지하고 수중 생활을 견디게 해주는 중요한 방한 대책이다.

새끼 두건물범은 혼자서 살아남기 위한 전략도 이미 알고 있다. 천적의 눈을 속이기 위해 빙판 위의 환경에 동화된 것처럼 몸 색깔이 하얗다(239쪽 '하얀 세상과 갈색 세상' 참조). 게다가 털은 물을 튕겨내기 때문에 다급해지면 생후 4일부터도 물속에 잠수할 수 있다.

4일간의 수유로는 부족한지, 어미가 떠난 다음에 다른 어미 물범과 새끼 사이에 껴들어 모유를 가로채기도 한다. 이래서 우람한 개체만 생존하는 것 같다.

북서대서양에 사는 또 다른 하프물범은 두건물범만큼 짧지는 않지만 수유 기간이 2주로 비교적 짧은 편이다. 하프물범도 지방분 53퍼센트나 함유한 고지방 모유를 먹여서 2주 만에 새끼의 체중은 10킬로그램에서 40킬로그램으로 4배나 늘어난다.

수분에 가까운 모유로 자라는 기린

기린은 고래와 동일한 경우제목의 일종이며, 소처럼 먹이를 되새김질(한 번 삼킨 음식물을 입으로 되돌려 다시 씹고 넘기는 것)을 하는 반추류다. 젖꼭지는 뒷다리 사이에 2쌍, 4개가 있다.

아프리카 초원에 살아가는 초식동물이며, 출산과 수유 때 적의 공격에 노출된다. 그래서 다른 초식동물과 마찬가지로 선 채로 새끼를 낳고 젖을 먹인다. 새끼는 태어나자마자 바로 일어서서 어미가 유도하는 대로 자신의 머리보다 훨씬 위에 있는 젖꼭지를 찾아 먹는다.

기린의 모유는 앞서 나온 물범과 달리 지방분을 비롯한 영양분이 고작 23퍼센트이며, 나머지 77퍼센트는 수분이다. 지방분의 비율이 인간이 섭취하는 탈지분유(우유에서 유지방분을 제거하고 건조시킨 우유) 수준이다.

나는 대학원을 졸업하고 미국에 공부하러 갔을 때 탈지분유를 자주 마셨다. 미국 슈퍼를 둘러보는 일이 재밌어서 틈만 나면 갔는데, 진열대에 놓인 상품 수가 너무 많았고 우유만 해도 종류가 다양

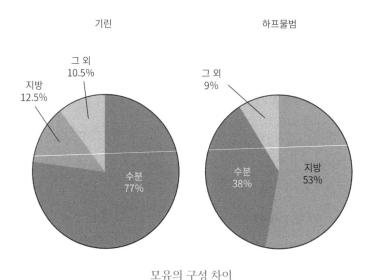

모유의 구성 차이

해 뭘 고를지 선택 장애가 올 정도였다. 하나하나 집어 들어 뒷면에 적힌 성분을 전부 확인했는데, 그중 탈지분유 종류가 제일 많았다. 인간 사회에서는 비만 예방이나 건강을 챙기려고 탈지분유를 먹는 사람이 많아졌지만, 기린은 살기 위해 그 비율을 선택한 것이다.

기린의 모유에 수분이 많은 이유는 기린이 사는 아프리카가 건조한 초원지대이기 때문이다. 물범과 달리 기린의 새끼는 추위를 견뎌낼 지방보다 몸을 촉촉하게 해주는 수분이 더 중요하다.

기린의 수유 기간은 약 10개월로 비교적 긴 편이다. 생후 2주 차에 풀을 먹기 시작하고, 젖을 뗀 후에도 어미와 같은 무리에서 몇 년 동안 함께 지낸다. 그러니 물범처럼 고영양의 모유를 먹고 급격하게 성장할 필요가 없다.

아프리카 초원처럼 건조한 땅에 사는 동물은 수분 획득이 생존과 직결된다고 해도 과언이 아니다.

목이 긴 기린은 고혈압 수치가 굉장히 높다. 심장에서 2미터 위에 있는 머리까지 혈액을 보내야 해서 평상시 혈압이 260mmHg이다. 인간의 평균 혈압이 120mmHg인 것과 비교해보면 어느 정도인지 알 만하다. 기린은 물을 마실 때 긴 목을 땅으로 굽혀 고개 숙여 마시는 자세가 된다. 그런데 사실 이 행동은 굉장히 힘들다. 머리가 심장보다 아래에 있는 시간이 길어지면 어떤 일이 일어날까? 오랜 시간 물구나무를 서는 것처럼 머리로 피가 쏠린다.

그런데도 물이 마시고 싶다. 그 결과, 앞다리를 넓게 벌려 마시든가, 앞다리를 약간 구부려 마시는 두 가지 방법을 고안해냈다. 이러면 심장과 머리의 높이 차이가 조금이나마 줄어든다. 어미가 새끼에게도 이 방법을 전수하는 모양인지, 다리를 넓게 벌려 물을 마시는 어미에게서 자라난 새끼는 다리를 벌려 물을 마시고, 앞다리를 구부리는 어미의 새끼는 앞다리를 구부려서 물을 마신다.

목이 길어진 덕분에 다른 동물들은 닿지 않는 높이에 있는 식물은 먹을 수 있지만, 아래로 내려가는 동작이 힘겹다. 이런 서투른 면도 기린을 좋아하는 사람의 눈에는 매력적이다.

모유는 맞춤 생산

시즈오카현 시모다시 해안에 이빨고래류의 일종인 큰코돌고래 2마리가 산 채로 발견된 적이 있다. 고래목을 포함한 해양 포유류가 생사를 불문하고 모래사장이나 해안으로 떠밀려오는 경우는 사방이 바다인 일본에서 결코 드문 일이 아니다. 연간 약 300건 정도 보고되는 이 현상을 스트랜딩이라고 한다.

이때는 해당 지역의 시모다해중수족관 직원이 급히 현장으로 달려갔지만, 도착했을 때는 이미 2마리 모두 죽어 있었다. 몸집이 큰 쪽은 모유를 분비하고, 작은 쪽은 아직 몸에 주름이 있는 걸로 보아 출산한 지 얼마 되지 않은 큰코돌고래 어미와 새끼였다.

해부해도 어미와 새끼가 해안에 떠밀려 온 원인은 알 수 없었지만, 이제 막 출산했기에 목숨이 위태로운 상태였을지도 모른다. 어미와 새끼가 둘 다 죽어 안타깝지만, 새끼만 살아남았더라도 새끼에게 어떤 젖을 먹일까 하는 과제가 따른다. 우유도 괜찮을까? 아기가 먹는 분유? 아니면 강아지용 우유? 안 주는 것보다는 주는 편이 나을까? 아니면 기린처럼 일단 수분 보충이 먼저인가? 이처럼 야생동물의 기본적인 생태도 알려지지 않은 것이 현주소다.

고래는 계통적으로 소에 가깝지만, 시중에 판매되는 우유는 성분이 조절된 것이고 근처에 있는 목장에서 우유를 받아 오는 일도 현실적으로 문제가 있다. 애초에 소의 우유 구성이 고래에게 적합한지 판단하기 어렵다. 집에서 키우는 개와 고양이용 분유가 시중에서 따로 판매되듯이, 동물마다 젖의 성분이 달라 인간이 만들어준다고 해결될 일이 아니다. 청소년기에 집 앞마당에 길고양이 자매가 동시에 출산하는 바람에 새끼 15마리에게 매일 우유를 먹였던 적이 있다. 지금도 새끼 고양이 입에 젖병을 물리는 실력은 전문가에 버금가지만, 야생동물에게도 그런가 하면, 그건 아니다.

현재도 새끼 야생동물을 보호할 때 난관에 부딪히기 일쑤다. 그렇지만 수족관과 보호시설의 경험과 지혜가 조금씩 쌓여 최근에는 돌고래용 우유가 개발되었다. 마음이 놓이는 소식이다.

철저하게 숨는 새끼들

말레이맥과 사슴의 새끼

막 세상에 태어나 눈뜬 새끼들의 탄생을 마냥 기뻐할 수 없는 것은 냉혹한 야생의 현실이 기다리고 있기 때문이다.

앞에서도 말했다시피 수컷 야생동물은 기본적으로 육아에 참여하지 않기 때문에 육아는 오롯이 암컷의 몫이다. 하지만 어미도 스스로를 지키면서 살아야 한다. 결국 새끼는 새끼대로 생존 기술을 터득하게 된다.

그중 하나가 보호색이다. 새끼의 몸을 덮은 털이나 몸 색깔을 주변 환경과 똑같이 만들어 외부의 적과 다른 수컷의 눈을 속이는 작전이다. 이 시기의 털과 몸 색깔을 유체색幼体色 또는 신생아의 털이라고 하며, 성체의 색과 구별된다. 종에 따라서는 이 시기에 부모와 새끼의 몸 색깔이 완전히 다른데 말레이맥이 그 대표적인 예다.

말레이맥은 말과 같은 기제목(홀수 발굽을 가진 동물)으로 분류되는 맥과 맥속 포유류다. 기제목이어도 발굽의 수는 저마다 달라서, 말은 앞발과 뒷발 모두 중앙에 발가락 하나만 있다. 반면 말레이맥의 앞발에는 엄지발가락이 없어 발가락이 4개고, 뒷발에는 엄지발가락과 새끼발가락이 없어서 발가락이 3개다. 말레이맥은 앞발굽 개수를 기준으로 기제목으로 분류되는데, 발끝은 모두 단단한 발굽으로 덮여 있다.

현존하는 맥 5종 중 가장 몸집이 큰 말레이맥은 인도네시아 등 동남아시아 삼림지대에서 단독 생활을 한다.

말레이맥 성체의 몸 색깔은 기본적으로 검은색이지만, 몸통 중간부터 꼬리까지는 하얗다는 특징이 있다. 야행성에 머리와 다리가 검은색이라 몸의 윤곽을 어둠에 숨겨 적들의 눈을 속이는 전략으로 보인다.

한편 새끼의 몸 색깔은 태어나고 반년까지는 부모와 완전히 다르다. 새끼 말레이맥을 처음 보면 둘이 같은 종인지 짐작도 못 할 정도다. 검정 바탕에 흰색과 크림색 반점이 줄무늬처럼 이어져 있고 크림색 바둑무늬도 있다. 화려해진 새끼 멧돼지 같다. 삼림에서 생활하므로 이런 색깔은 보호색이 되고, 성장하면서 본래의 흑백으로 바뀐

어미와 새끼 맥

다. 그렇다면 어른이 된다고 적들의 공격을 받지 않는다는 보장이 없는데, 보호색을 유지하는 편이 유리하지 않을까?

　그러나 말레이맥은 생명의 위협보다 번식이 더 우선인가 보다. 울창한 숲속에서는 동료를 만날 기회가 너무도 적고, 그중에서 교미 상대를 발견할 확률은 더 낮다. 그래서 적에게 노출될 위험을 무릅쓰고 일부러 눈에 띄는 흑백 패턴으로 몸 색깔을 바꾸어 울창한 숲속에서도 짝을 발견할 확률을 높여 만남의 기회를 늘렸다. 이렇게까지 해야 하는 자연계의 잔혹함과 자손을 남기려는 진정성에 또 한 번 감동한다.

말레이맥의 젖꼭지는 복부에 한 쌍 있다. 어미가 수유하려고 옆으로 누우면 새끼는 적당한 순간을 노리다가 쏜살같이 달려든다. 말레이맥은 코가 조금 길어서 젖을 잘 먹지 못할까 봐 걱정할 필요는 없다. 코 길이라면 지지 않는 코끼리도 나름의 전략으로 어미의 젖을 잘 먹고 있으니 말이다.

사슴은 소와 마찬가지로 발굽 개수가 짝수이고 포유류 사슴과로 분류되는 반추류다. 앞에서 설명했다시피 일본에는 꽃사슴 1종이 있고, 아종으로는 에조사슴(홋카이도), 혼슈사슴(혼슈), 일본사슴(시코쿠·규슈) 등이 있다. 전 세계적으로 순록과 말코손바닥사슴 등 30종 이상의 사슴이 삼림지대를 중심으로 서식하고 있다.

참고로 일본에 서식하는 일본산양은 일본명에 사슴이 들어가는데(일본산양의 일본명은 니혼카모시카(ニホンカモシカ)로, '시카'는 사슴이라는 뜻이다—옮긴이), 일본산양의 뿔을 보면 솟과의 특징이 보이기 때문에 사슴과가 아니라 솟과에 속한다.

모계사회를 이루는 꽃사슴은 초여름에 새끼를 1마리 낳는다. 대개의 동물들이 초봄에 출산하는 데 비해 사슴과는 초여름(6~7월경)에 새끼를 낳는다. 다른 동물과 마찬가지로 먹을거리가 부족해지는 겨울이 오기 전까지 새끼를 조금이라도 더 성장시켜 월동 준비를 하는 것으로 보인다.

출산 직후에는 새까맣게 보이던 새끼도 어미가 몸을 핥아주면 등 쪽에 하얀 반점이 선명히 올라온다. 디즈니 만화영화 〈밤비〉에 나오는 아기 사슴과 같다. 몸집이 작은 사슴이 수풀에 웅크리면 새끼 사슴의 무늬가 훌륭한 위장색이 된다. 사슴은 성장하면서 흰색 반점이 옅어지고, 수컷의 몸은 진한 갈색으로, 암컷은 회갈색으로 변한다. 하지만 여름철이 되면 어른 사슴의 등 쪽에도 하얀 반점이 올라왔다가 겨울철이 되면 사라진다.

암컷 꽃사슴의 젖꼭지는 2쌍, 4개다. 사슴도 초식동물이므로 언제든 도망갈 수 있도록 어미와 새끼가 모두 서 있는 자세로 수유한다. 모유 성분 중 60퍼센트는 수분이고, 40퍼센트는 지방과 단백질 등 고형 성분이다. 기제목, 설치목보다 단백질 함유량이 높다는 특징이 있다. 풀을 주식으로 먹는 초식동물이 식물로부터 지방과 단백질이 다량 함유된 모유를 만들어내는 것이 신기할 따름이다.

사슴을 포함한 반추류의 위는 여러 개의 방으로 분류돼 있다. 즉 위가 여러 개다. 음식물이 통과하는 처음 3개의 위는 소화효소가 없다. 그래서 위 안에 공생하는 미생물이 식물을 소화하고 분해해주면 영양분으로 흡수한다.

학생 때 꿈에 그리던 홋카이도로 목장 실습을 하러 갔을 때, 꽃사슴과 같은 반추류의 소가 맛있게 풀을 뜯어 먹는 모습을 보고 나도 건초를 먹어본 적이 있다. 물론 맛있지 않다. 아무 맛도 없다. 이런 풀을 먹고도 소는 맛있는 우유와 고기를 제공한다. 반추류가 획득한 소화 시스템이 새삼 대단해 보인다.

빛을 이용하는 망치고래

망치고래는 부리고랫과로 분류되는 중형 이빨고래류다. 한국 동해, 일본 연안과 태평양 연안에서도 서식하는데 추운 지역을 더 선호하는 경향이 있다. 머리부터 이어진 주둥이가 쇠망치와 닮았다고 해서 붙은 이름이다.

어른 망치고래는 암수 모두 몸 색깔이 갈색이 도는 검은색이고, 새끼의 몸 색깔은 흰색과 크림색, 등과 눈 주변은 까매서 판다와는 정반대의 유체색을 띤다.

어미가 먹이를 구하러 잠수하는 동안 새끼는 수면에서 기다려야 한다. 이때 상어는 위쪽을 둘러보며 사냥감을 탐색하는데, 망치고래의 흰색 복부는 햇빛 반사를 받지 않아 상어의 눈에는 아무것도 없는 것처럼 보인다. 이는 빛의 원리를 이용한 역음영countershading이다. 망치고래를 포함한 부리고랫과는 이런 신비한 방법으로 새끼를 보호한다.

어류 중에도 역음영을 보호색으로 이용해 포식자를 따돌리는

망치고래 새끼와 역음영

종은 비교적 많다. 범고래나 작은곱등어(까치돌고래) 등 온몸이 까만 고래목도 복부는 하얗다. 바다의 패자 범고래는 복부가 하얗지 않아도 공격받을 일이 없을 것 같지만, 새끼일 때는 이 원리가 효과적일 것이다.

　　다만 부리고랫과처럼 새끼일 때만 또렷한 유체색을 띠는 고래목은 없다. 어른 부리고랫과 대부분의 몸 색깔이 까맣다는 점에서,

새끼였을 때 보호색을 활용하는 것은 바다에서 살아남기 위한 합리적인 전략이다.

하얀 세상과 갈색 세상

점박이물범은 기각류 물범과로 분류되는 물범이다. 털가죽의 참깨 같은 까만 얼룩무늬가 특징적이라 붙은 이름이다. 일본에서는 겨울부터 봄에 걸쳐 베링해나 오호츠크해의 유빙과 함께 남쪽으로 내려와 홋카이도 주변의 빙판이나 눈 위에서 새끼를 낳고 수유하고 육아도 한다.

이제 막 태어난 점박이물범은 새하얀 주변 환경에 녹아들기 위해 온몸이 흰 솜털로 뒤덮인다. 이를 '화이트코트'라고도 부른다. 하얀색 솜털은 빙판이나 눈 위에서는 보호색이 되고, 햇빛에 반사되면 은백색으로 반짝반짝 빛난다. 이 시기의 물범은 눈도 큼지막하고 순진해 보여서 너무도 사랑스럽다. 다양한 캐릭터와 마스코트가 만들어지는 이유도 알 것 같다.

수족관에서 관찰한 것에 따르면, 3~4시간 간격으로 수유하고 수유 기간은 2~4주라고 한다. 수유가 끝날 무렵이면 화이트코트를 벗고 부모와 같은 얼룩무늬 털빛으로 바뀌어 어미한테서 독립한다.

야생에서는 유빙이 후퇴해 해안에서 멀어지면 점박이물범도 북쪽 바다로 돌아간다. 그런데 최근에는 홋카이도 동부 연안에 잔존하는 점박이물범이 늘고 있다고 한다. 새끼 점박이물범이 혼슈 연안에서 기분 좋게 자는 모습이 뉴스에 보도되기도 했다.

바다사자과의 물개도 일본 주변에 서식하고 회유한다. 점박이물범과 같은 기각류지만 번식 장소는 주로 암석 지대여서 새끼는 태어났을 때부터 부모와 같은 갈색이 그대로 보호색이 된다. 이렇듯 같은 분류군이어도 서식 환경에 따라 새끼들의 몸 색깔은 천차만별이다. 오로지 포식자의 공격을 피해 생명을 이어나가겠다는 전략의 결과물이다.

여기서 조금 짓궂은 의견을 꺼내보려 한다. 새끼일 때는 주변 환경과 똑같은 털 색깔을 몸에 두르고 북극곰과 북극여우한테서 도망친다고 설명했는데, 사실 극지방은 무취의 땅, 즉 냄새가 없는 환경이다. 그래서 극지방에서 생물의 냄새가 나면, 지금 여기 있다고 대대적으로 광고하는 것과 같다. 그러니 털 색깔로 몸을 숨겨도 몸에서 퍼지는 강렬한 짐승의 냄새까지 숨길 수는 없다.

실제로 북극곰은 사냥감을 탐색할 때 빙하 아래에서 냄새를 맡아 물범 새끼를 찾아낸다. 이런 걸 보면 털 색깔의 효과가 정말로 있긴 한지, 전략을 바꿔야 하지 않을까 싶은 생각도 든다.

물론 털 색깔에 효과가 있으니 계승되는 것이지만, 그래도 북극곰한테 당하는 물개를 보면 탈취제라도 선물해주고 싶어진다.

아기가 귀여워 보이는 이유

귀여움의 황금비율

어떤 동물이든 새끼의 외모나 얼굴을 보면 귀엽다는 말이 무심코 튀어나온다. 왜 인간을 포함한 새끼 동물들은 예외 없이 다 귀여워 보일까? 여기에도 새끼 동물들의 생존 전략이 숨어 있다.

아기의 얼굴은 아직 성장하는 단계에 있어서, 얼굴 크기에 비해 눈과 입이 모두 큼직하고 얼굴 중앙에 몰려 있다. 게다가 양쪽 눈과 입술 중앙을 선으로 이으면 역정삼각형에 가까운 모양이 된다. 바로 이 황금비율이 귀엽다는 정의를 탄생시켰다.

물론 새끼가 이 사실을 눈치채고 어미 배 속에서 역정삼각형 얼굴을 빚어 태어나는 것은 아니다. 오랜 진화의 과정에서 황금비율을

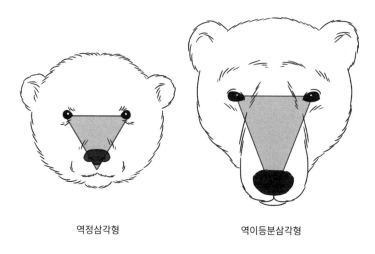

역정삼각형   역이등분삼각형

새끼(왼쪽)와 어른(오른쪽)의 얼굴 차이

가진 개체만이 부모에게 예쁨받은 결과, 생존에 성공하기 위해 황금 비율로 태어날 확률이 늘어났고 이내 정착된 것이다.

이제 막 눈을 뜬 새끼 포유류는 어떤 생김새든 부모의 보호 아래서 모유라는 최대 영양원을 받기 위해 애교를 떨어야 살아남을 수 있다. 태어난 순간에 부모가 아무 조건도 없이 키우고 싶다거나 젖을 주고 싶다고 생각하게끔 귀여움을 무기로 삼은 전략이다.

이 이야기를 처음 들었을 때, 이 말이 진짜인가 싶어 부모와 새끼 포유류의 얼굴을 비교해보는 조사를 소규모로 실시해본 결과, 정말로 어떤 동물의 새끼든 눈과 입을 이으면 역정삼각형이 되었다.

귀여운 생김새와 더불어, 성체에 비해 상대적으로 큰 머리와 짧은 팔다리도 아직 완전한 개체가 아니고 힘없는 생명임을 강조한다. 포식자에게 습격당할 위험은 높아지지만, 보호해줘야 한다는 주변 어른들의 본능을 일깨우는 데는 효과가 있다.

북극권 빙판에서 무적의 왕자로 군림하는 북극곰도 새끼의 얼굴은 역정삼각형인 황금비율이어서 귀엽다. 백곰으로도 불리는 북극곰은 새하얀 털을 두르고 북극권의 유빙 지대와 주변 해안에 분포해 있다. 어른 수컷의 몸길이는 2미터 이상이고 체중은 최대 800킬로그램에 근접한다. 암컷도 몸집이 큰 개체는 체중이 300킬로그램 이상이다. 그에 비해 막 태어난 새끼의 체중은 고작 500그램이다. 인간의 아기보다 훨씬 작다. 동그랗고 새까만 눈동자와 작은 입이 역정삼각형 황금비율을 이루는데, 그 사랑스러움은 최고다.

어미는 2년 이상 수유하고 새끼와 함께 지내며 육아한다. 새끼는 성장하면서 얼굴과 코가 세로로 길어지는데, 이때 양쪽 눈과 입을 연결하면 역이등분삼각형이다. 어른스러운 얼굴이 되면 한눈에 보기에도 강한 수컷, 성적으로 성숙한 개체임을 인지할 수 있으므로 어른의 생존 전략이 된다.

한편 인간 사회에서 예쁨받는 개와 고양이 중에는 성체가 돼서도 역정삼각형을 유지하는 종이 많다. 황금비율로 품종이 개량된 덕에 보호자에게 예쁨받을 확률이 높아지고 인기도 따른다. 반려동물은 동종끼리 싸울 일 없이 오로지 인간에게 귀염받고 치유의 대상이 되므로 그 편이 나을 것이다.

그러고 보니 우리 집 고양이들도 이상적인 황금비율이다. 나도 모르는 새 황금비율의 마법에 감쪽같이 걸려들었음을 깨닫게 된다.

냄새 전략

육아에 지쳐 힘든 기색이 역력한 엄마도 아기를 안거나 같이 잠들면 아이한테서 말로 표현할 수 없는 편안한 냄새를 맡고 행복해지고 피곤이 풀린다. 이 또한 아기의 전략 중 하나다.

아기 포유류들은 귀여운 생김새뿐만 아니라 냄새도 중요한 전략으로 활용한다. 아기는 엄마는 물론이고 주변 어른들한테도 예쁨받을 수 있게끔 독특한 냄새를 발산한다. 이 냄새를 맡은 엄마와 주변 어른들 뇌에서 도파민이 분비된다는 사실이 여러 연구를 통해 밝혀졌다. 행복 호르몬으로 일컬어지는 도파민은 다음과 같은 기능을 한다.

🌢 기분이 행복해진다
🌢 의욕이 올라간다

💧 집중력이 높아진다

💧 긍정적으로 사고한다

실제로 아기의 냄새를 맡고 도파민이 증가하면 엄마는 육아에 대한 불안과 피로가 줄어들고 아이를 향한 애정이 높아져서 긍정적인 기분으로 즐겁게 육아할 수 있다고 한다.

나도 조카들이 어렸을 때 이 냄새를 맡고 많은 기운과 활력을 얻었다. 확실히 마음을 편하게 해주는 독특한 냄새다. "이모, 저거 사주세요!"라는 말을 들으면 냉큼 사주는 마음 약한 이모여서 항상 여동생한테 혼난다.

야생에서 사는 대부분의 동물은 무리에 있는 자신의 새끼를 냄새와 울음소리로 바로 구분해낸다는 사실이 알려져 있다. 포유류의 오감(시각, 청각, 촉각, 미각, 후각) 중 가장 오래된 감각이 후각이다. 후각은 대뇌변연계라는 본능을 관장하는 오래된 피질로 어류나 양서류에서도 비교적 발달한 기능이다. 가장 오래된 감각인 후각을 전략으로 삼아 모성을 유도하는 아기의 생존 전략이 존경스럽다.

그러나 예외는 있다. 고래목이 그렇다. 고래목의 뇌에는 다른 포유류들은 가지고 있는 후구(냄새를 관장하는 뇌 부위)가 없다. 냄새를 맡을 수 없다는 말이다. 수중 생활에 적응한 그들에게 냄새는 그리 중요하지 않은 감각이었나 보다. 그래서 고래목의 후구는 퇴화했다고 추측된다. 그런데 돌고래 부모는 애정을 쏟아 육아하며, 새끼는 냄새 전략이 없어도 사랑을 듬뿍 받고 있었다. 참고로, 종의 차이는 있지만 아기의 마법 같은 냄새는 생후 6개월쯤에 서서히 사라진다.

~~~~~~~~~~~~~~~~~~~~~~~~~~

마치며

지금까지 동물들이 눈물겨운 구애, 번식, 생존 전략으로 생명을 이어나가는 모습을 소개했다. 끝으로 생명의 시작에 대해 이야기해 보고 싶다.

생명은 정자와 난자의 작은 만남에서 시작한다. 이때 몸속에서는 무슨 일이 일어날까?

암컷의 기분을 살펴가며 겨우 교미에 성공해 당당하게 자신의 정자를 암컷의 질이나 자궁으로 내보내는 수컷 포유류로서는 '휴, 이걸로 나의 자손을 남길 수 있겠어'라며 안심하기엔 아직 이르다.

수많은 정자 중 새 생명으로 이어지는 정자는 오직 하나뿐이며 그 여정은 하염없이 멀다. 자궁에서는 난자 하나를 둘러싼 정자들의 치열한 쟁탈전이 벌어진다.

포유류 수컷은 암컷과 교미할 때 질 또는 자궁에 방대한 양의

248

정자를 사정한다. 인간은 한 번의 사정으로 수천만에서 수억 마리의 정자가 질로 들어간다.

최종적으로 수정란이 성장하는 장소인 자궁의 형태는 동물의 종에 따라 다르다. 그러나 어떤 유형이든 자궁에 들어온 정자는 암컷의 생식관과 정자 스스로의 운동으로 난관이라는 좁은 터널을 통과해 넓은 방(난관 팽대부)에서 난자와 만난다.

사정 이후 정자가 난관의 넓은 방에 도착하기까지 걸리는 시간은 동물마다 다르다. 소는 불과 2~3분이면 도착한다. 그런데 둘이 만나기로 한 난관 팽대부에 정자는 도착했는데 정작 난자가 없으면 일이 진행되지 않는다. 둘 다 난관 팽대부에 함께 있지 않으면 수정이 성립되지 않는다는 말이다.

그래서 정자도 다양한 전략을 준비해둔다. 교미 후 제일 빨리 난관에 도달한 정자 무리는 기세 좋게 1등으로 독주하지만, 속도를 주체하지 못하고 수정해야 할 위치를 그대로 지나쳐 복강 내부까지 가면 대부분 그 자리에서 죽는다. 그 뒤의 정자 무리는 난관 협부에서 잠시 멈춰 숨을 고르다가 난소에서 난자가 수정 위치로 내려오는 타이밍에 맞춰 이동한다. 범상치 않은 무리다. 1위로 달리던 정자 무리를 보고 자신들의 행동을 억제하다니, 훌륭하다.

한편 암컷의 난소에서는 호르몬에 의해 일정 주기로 여러 개의 난포(난자를 감싼 막)가 성숙된다. 이 중 가장 우수한 난포 1개의 막이 벗겨지면 난자가 되고, 난소 밖으로 나온 난자는 난관을 통해 난관 팽대부로 이동한다. 이것이 '배란'이다. 이렇게 난관 안쪽의 넓은 방에 모습을 드러낸 난자는 정자들을 맞이한다.

드디어 정자와 난자의 만남이 성사됐지만 아직 축하는 이르다. 난자는 1개인데 정자 무리는 수만 마리다. 하렘이 반전된 상황이지만, 이때도 맨 먼저 들어가거나 기세만 좋은 정자가 유리한 것만은 아니다.

난자는 2가지 방어막으로 보호받는다. 표면을 덮고 있는 과립막세포라는 방어막과 투명대(당단백질의 막)라는 단단한 방어막이다. 정자는 난자와 맺어지기 위해 두 방어막을 돌파해야 한다. 정자는 난관에서 잠깐 휴식하며 이를 돌파할 힘(수정능)을 얻는다. 암컷 호르몬의 힘을 빌려 생리적으로도, 형태적으로도 변화해 성장하고 덩치를 키운다.

수정능을 획득한 정자는 일단 과립막세포를 분해하는 산소(히알루로니다아제 등)를 방출해 제1방어막을 뚫는다. 그다음 투명대를 분해하는 산소(아크로신)를 분비한 후 꼬리부의 격렬한 진동운동과 순발력을 이용해 제2방어막도 뚫는다. 이 임무를 완수한 정자만이 당당하게 난자와 수정할 수 있다.

1개의 정자가 난자 안으로 들어가는 순간 수정이 이루어지고 다른 정자들은 차단당한다. 최후는 정해져 있다. 수정하지 못한 정자들은 그 자리에서 죽어 암컷의 영양분이 된다.

배란 이후 난자의 수정능을 보유할 수 있는 시간은 동물마다 다르다. 토끼는 6~8시간, 개는 108시간으로 크게 차이가 난다. 일반적으로는 24시간 이내다. 정자는 최대 7일 정도 살아 있는 종이 많으며, 사정 후 약 일주일이 수정되는 기간이라고 할 수 있다.

수정란은 세포분열을 반복하다가 3일쯤 되면 난관 팽대부에서 자궁으로 이동한다. 자궁에 들어간 시점을 기준으로 수정란은 배아가 되어 자궁벽에 자리 잡는다. 이를 착상이라고 하며 이로써 임신이 성립된다.

구애와 유혹에서 시작된 기나긴 여정도 마침내 첫 번째 목표를 이루었다.

이 책의 주제는 성선택(성도태)이 중심이다. 성선택은 현재 진화생물학에서 중요한 이론으로 자리매김하고 있다. 본문에서도 설명했지만, 자연선택(자연도태)은 일반적으로 주변 환경이나 조건에 적응한 생물은 살아남고, 적응하지 못한 생물은 사라진다는 주장이다.

한편 생존에 직접적으로 필요하거나 의미는 없지만, 배우자 선택과 배우자를 차지하려는 투쟁에는 결코 빼놓을 수 없는 발상과 전략과 적응이 가능한 생물(개체)은 살아남고 자손을 남길 수 있다. 그리고 적응하지 못한 생물은 쇠퇴한다. 이 현상을 성선택이라고 한다.

찰스 다윈도 진화론과는 별도로 성선택의 이론과 원리를 발견했다. 다윈이 그 이론을 발견한 배경에는 다양한 동물들을 주의 깊게 관찰하고 얻은 깊은 통찰이 깔려 있다. 이 책을 읽으며 다윈과 같은 시선에서 동물을 보는 시간이 되었다면 기쁠 따름이다.

성선택은 선택받는 것에 의미와 가치를 둔다고 생각할 수도 있다. 생물로 태어났으니 어떤 종류의 선택은 피할 수 없지만, 이는 생물이 살아가기 위해 필요한 것이기도 하다. 결과적으로 선택을 받은 쪽도, 그렇지 않은 쪽도 모두 생명이 지속되는 긴 여정의 통과 지점에 불과하다는 사실을 잊어서는 안 된다.

동물은 그 어떤 상황에서도 그저 살아가기 위해 최선을 다한다. 때로는 단순하거나 맹목적으로 보이지만, 생명을 이어가는 행위에는 경이로운 발상, 전략, 눈물겨운 노력이 숨어 있다. 그 덕분에 살아갈 수 있다.

다윈이 살던 시대로부터 200여 년 흘러 오늘에 이르기까지 성선택에 관해 무수한 발견과 새로운 이론이 등장했다. 그런데도 자연계에서는 아직 모르는 일들이 수도 없이 넘쳐나서 연구자로서는 절망감과 기대감 사이에서 갈팡질팡하곤 한다. 동물로서는 '평생 이해하기 어려울걸!' 할지도 모르겠지만, 모르기 때문에 더 재미있고 몰두할 수 있는 동기가 된다.

모든 생물에게 '산다는 것'은 그만큼 힘든 일이다. 그런데도 동물들은 망설이지 않고 앞을 향해 나아간다. 기꺼이 살아가는 그들을 보며 나는 생명을 부여받고 살아간다는 기쁨과 용기를 얻는다. '산다는 것'은 꽤나 힘들지만 그만큼 대단한 일이 아닐까 생각한다.

인간은 그저 살아가는 데는 만족하지 못하고 삶을 즐기는 것조차 망각한다. 그럴 때 동물들이 살아가는 모습을 보고 깨달음을 얻을 수 있지 않을까?

《해양 포유류 학자, 고래를 해부하다 海獣学者, クジラを解剖する》에 이어 디자인을 맡아주신 사토 아사미와 일러스트레이터 아사노 고헤이와 또다시 함께해서 무척 기쁘다. 미숙하고 서투른 글을 이해하기 쉽게 만들어주었다. 참고문헌이나 일러스트 작성에 도움을 주신 야마다 다다스 교수와 니시마니와 게이코 교수께 진심으로 감사드린다.

생물과 동물 그리고 나 자신을 더 깊이 이해하는 길에는 다양한 방법과 계기가 있다. 그 하나의 계기가 이 책이 된다면 기쁠 것이다.

다지마 유코

참고문헌

~~~~~~~~~~~~~~~~~~~~~~~~~~~

- 니무라 요시히토(2015), 후각수용체 유전자의 진화(嗅覚受容体遺伝子の進化), 냄새·향기환경 학회지(におい・かおり環境学会誌) 46 (4), pp. 261~263, 2015.
- 기시다 T., Thewissen JGM, 하야카와 T., 이마이 H., 아가타 K., Aquatic adaptation and the evolution of smell and taste in whales, *Zoological Letters* 1: 9, 2015.
- Berta A, Sumich JL and Kovacs KM, Marine Mammals: Evolutionary Biology 3rd ed., Academic Press, 2015.
- Whitehead H., Mann J., Female reproductive strategies of cetaceans, Mann J., Conner RC, Tyack PL and Whitehead H.(eds.), *Cetacean Societies: Field studies of dolphins and whales*, pp. 219~246, University of Chicago Press, 2000.
- Wüsig B, Thewissen JGM, Kovacs KM, Encyclopedia of Marine Mammals 3rd ed, Academic Press/Elsevier, 2018.
- Fontaine, P-H, Whales and Seals: Biology and Ecology, Schiffer Publishing, 2007.
- Flower, WH, Evolution of the Cetacea, *Nature* 29: 170, 1883.
- Holowko B., Why human jawbones shrink so rapidly in evolution scale?, *International journal of orthodontics(Milwaukee, Wis.)* 27(4), pp. 43~48, 2016.
- Reidenberg JS, Terrestrial, Semiaquatic and Fully Aquatic Mammal Sound Production Mechanisms, Acoustics Today 13, pp. 35~43, 2017.
- 가타오카 게이, 각종 포유동물의 유성분조성의 비교(各種哺乳動物の乳成分組成の比較), 미노 루동연보(岡実動研報) 3, pp. 24~32, 1985.
- Allen WR., Wilsher S., Turnbull C., Stewart F., Ousey J., Rossdale PD, Fowden AL, Influence of maternal size on placental, fetal and postnatal growth in the horse. I. Development in utero, *Reproduction*, 123 (3), pp. 445~453, 2002.
- 미야가와 신이치, 온도로 결정되는 동물의 암수 연구(温度で決まる動物のオスとメスの研究), 이대과학포럼(理大 科学フォーラム) 8, pp. 36~41, 2019.
- 나카오 도시히코, 쓰마가리 시게히사, 가타기리 세이지 편, 수의번식학(獣医繁殖学) 제4 판, 부 네이도슈판(文永堂出版), 2012.
- Slijper BJ, Locomotion and locomotory organs in whales and dolphins (Cetacea), *Symposia of the Zoological Society of London* 5, pp. 77~94, 1961.
- 다지마 Y., 하야시 Y., 야마다 TK, Comparative anatomical study on the relationships between the vestigial pelvic bones and the surrounding structures of finless porpoises(*Neophocaena phocaenoides*), *Journal of Veterinary Medical Science* 66, pp. 761~766, 2004.
- 야마다 다다스, 척추동물 사지의 변천: 사지의 확립(脊椎動物四肢の変遷: 四肢の確立), 화석연 구회회지(化石研究会会誌) 23: pp. 10~18, 1990.
- Jarvick E., Basic structure and evolution of vertebrate Vol. 1, Academic Press London, 1980.

- Ridgway SH, Mammals of the sea: Biology and Medicine, Charles C. Thomas Publisher, 1972.
- 고다 H., 무라이 T,, 두가 A., Goossens B., Nathan SKSS, Danica J. Stark, Diana A. R. Ramirez, John C. M. Sha, Ismon Osman, Rosa Sipangkui, 세이노 S., 마쓰다 I., Nasalization by Nasalis larvatus: Larger noses audiovisually advertise conspecifics in proboscis monkeys, *Science Advances*, DOI: 10.1126/sciadv. aaq0250, 2018.
- Prum RO and Torres RH, Structural colouration of mammalian skin: convergent evolution of coherently scattering dermal collagen arrays, *Journal of Experimental Biology* 207, p. 2157, 2004.
- 가와무라 A., 고리 M., 모리모토 G,, 나니치 Y., 다니구치 T., 기시카와 K., Full-color biomimetic photonic materials with iridescent and noniridescent structural colors, *Scientific Reports* 6, 33984, 2016.
- 아다치 다이키, 다카하시 아키노리, Costa DP, Robinson PW, Hükstät LA, Peterson SH, Holser RR, Beltran RS, Keates TR, 나이토 야스히코, Forced into an ecological corner: Round-the-clock deep foraging on small prey by elephant seals, *Science Advances*, DOI: 10.1126/sciadv.abg3628, 2021.
- 야토 TO, 모토카와 M., Comparative morphology of the male genitalia of Japanese Muroidea species, *Mammal Study*, DOI: 10.3106/ms2020-0096, 2021.
- 신도 준지, 세키자와 겐타, 오카다 아유미, 마쓰이 나쓰키, 마쓰다 아야카, 마쓰이 다카시, 밍크고래 신생아의 혀 형태(ミンククジラ新生仔の舌形態), 일본야생동물의학회지(日本野生動物医学会誌) 23(3), pp. 77~82, 2018.
- 신도 준지, 오카다 아유미, 아마노 마사오, 요시무라 겐, 부리고래 신생아의 혀 형태(アカボウクジラ新生仔の舌形態), 일본야생동물의학회 18(4), pp. 121~124, 2013.
- 히로세 M., 혼다 A., Fulka H., 다무라-나카오 M., 마토바 S., 도미시마 T., 모치다 K., 하세가와 A., 나가시마 K., 이노우에 K., 오쓰카 M., 바바 T., 야나기마치 R., 오구라 A., Acrosin is essential for sperm penetration through the zona pellucida in hamsters, *Proceedings of the National Academy of Sciences of the United States of America* 117(5), pp. 2513~2518, 2020.
- 가스야 도시오, 고래: 소형 경류의 보전생물학(イルカ: 小型鯨類の保全生物学), 도쿄대학출판회, 2011.
- 하세가와 마리코, 공작 수컷은 왜 아름다운가?(クジャクの雄はなぜ美しい？), 증보개정판, 기노쿠니야서점(紀伊国屋書店), 2005.
- Cozzi B., Huggenberger S., Oelschläer H. 저 / 야마다 다다스 남역, 고래의 해부학: 신체 구조와 기능의 이해(イルカの解剖学： 身体構造と機能の理解), NTS, p. 616, 2020.
- 다지마 유코, 야마다 다다스 감수, 해서포유류대전: 몸과 생활방식을 살펴보다(海棲哺乳類大全: 彼らの体と生き方に迫る), 미도리쇼보(緑書房), 2021.
- 마쓰우라 게이치, 해저에 미스터리 서클을 만드는 신종 복어(海底にミステリーサークルを作る新種のフグ), 해양정책연구소, Ocean Newsletter, 제363호, 2015. 9. 20., https://www.spf.org/opri/newsletter/363_1.html

성선택 이론이 보여주는 진화의 신비

필사의 수컷, 도도한 암컷

1판 1쇄 인쇄 | 2024년 3월 12일
1판 1쇄 발행 | 2024년 3월 19일

지은이 | 다지마 유코
옮긴이 | 명다인

펴낸이 | 박남주
편집자 | 박지연, 한홍
디자인 | 남희정
펴낸곳 | 플루토

출판등록 | 2014년 9월 11일 제2014-61호
주소 | 07803 서울특별시 강서구 마곡동 797 에이스타워마곡 1204호
전화 | 070-4234-5134
팩스 | 0303-3441-5134
전자우편 | theplutobooker@gmail.com

ISBN 979-11-88569-58-8 03490